「食」の図書館

ミルクの歴史

MILK: A GLOBAL HISTORY

HANNAH VELTEN
ハンナ・ヴェルテン【著】
堤理華【訳】

原書房

目次

［……］は訳者による注記である。

序章◉ミルクに歴史あり

ミルクは大昔から世界中に存在してきた食物であり、人間もこの世に産声をあげたときから乳を飲んで育つ。いうまでもなく母乳は申し分のない栄養とされている。しかし本書で扱うのは離乳期以降の話、つまり、わたしたちの食生活に組みこまれた動物のミルクの歴史についてである。

世界規模で見てみると、実際にミルクを飲む人口はごくわずかで――大多数はバター、チーズ、ヨーグルトなどの乳製品のほうを好む――おそらく、動物のミルクはもっとも賛否両論のある食物といっていいだろう。文明がはじまったときからミルクの栄養価と潜在的な危険性はつねに熱い議論を巻きおこし、その結果、ミルクは「白い毒」と敵視されたり、反対に「白い妙薬」とあがめられたりした。こういった矛盾が生じるようになったのも、ミルクが成功を勝ち得たからである。だが、ミルクが社会に浸透する一方、みずから家畜を飼う人々が少なくなるにつれ、ミルクを手に入れるには輸送に頼るほかなくなり、ある意味、すべてを人間の手にゆだねることとなった。

そう、今もミルクにはたくさんの疑問がつきまとっている。動物のミルクは人間の健康にいいのか悪いのか？　贅沢品なのか日常的な栄養源なのか？　食べ物なのか、飲み物なのか、万能薬なのか、宗教的な供え物なのか？　今日の「加工乳」であっても遠い昔の人々はミルクだと思うだろうか？　最高の紅茶を完成させるためには、ミルクを最初に入れるべき、それとも最後に入れるべき？　こうした疑問への答えは、ミルクそのものと同じくらい曖昧模糊としている。

議論はさておき、ほとんどの人にとってミルクは（よきにつけ悪しきにつけ）子供時代のさまざまな思い出とむすびついているだろう。わたしたちが日々の暮らしのなかで口にする食べ物のうち、ミルクほど郷愁を誘うものはあまりない。西洋人であれば、農場で飲んだしぼりたての、まだあたたかく豊かに泡立った濃いミルクを思い出すかもしれない。あるいは、学校で配給された（半分凍っていたり生ぬるかったりする）瓶入りミルクをワックスがけの紙ストローで飲んだこと。玄関先にちょこんと置かれていたミルク瓶——ときには蓋がわりの銀箔が小鳥につつかれていることもあった。牛乳配達人が吹く口笛、電気式の牛乳配達車、

上：伝統的な牛乳配達の様子。犬がひく荷車とミルクメイド。1900年頃。
下：牛乳配達の伝統も消えてゆく？　イギリスで各家庭の玄関先にミルクを届ける牛乳配達人。2008年。

そこに積まれている青や銀色の枠箱。冷蔵庫から出したばかりの冷たいミルク。ミルク瓶のふちにたまったクリームの層。青と白に彩色された陶製のミルク入れ。

こうしたほのぼのとした情景の多くは本のなかに消え去り、今も家畜からしぼったミルクをそのまま飲む社会はごく少数にしかすぎない。現在、世界のどこであれ、ミルクはたいていスーパーマーケットで買うようになっており、ポリボトルか、紙パックか、プラスチックの袋（おもにカナダ・インド・中央アメリカ）に入っていて、クリームの層が浮いてこないように脂肪分が均質化されている。とはいえ、そのどれもが、規制のない時代に流通した細菌混じりの、不純で毒性の高いミルクを除くための一歩だったことも事実なのである――ミルクの歴史は決して平坦なものではなかったし、その未来もやはり波瀾万丈にちがいない。

第1章◉最初のミルク

よく「完全栄養食品」と呼ばれるミルクは、あらゆる哺乳類の新生児にとって生命の基礎となる。ミルクは不透明な液体で、哺乳類の雌《めす》の乳腺で合成・貯蔵・分泌される。その目的はただひとつ、産んだ赤ん坊を育てることだ。ミルクは哺乳類が口にする最初の食べ物であり、離乳がすむまで、生存と初期の成長に必要な栄養素のすべてを与える。

中世の人々は、妊娠中や授乳期には月経が停止するため、子宮から出てこない月経血が妊娠中には胎児を養い、出産後には母乳に変化して乳房から出てくるのだと考えた[1]――つまり、ミルクとは血液が月経血から母乳へと、二回にわたる変化を経てできたもの、と信じていたのである。しかし実際には、ミルクは母体がとった食事の栄養素から合成される。全身をめぐる血液が乳腺を通過する際、血液中に含まれる栄養成分がそこで抽出される仕組みになっている。

◉ミルクの組成

ミルクのほとんどは水分だ（85パーセント以上）。そのほかの成分は、エネルギー源となる乳脂肪と乳糖（おもにラクトース）、アミノ酸を供給するタンパク質（おもにカゼイン）、そしてビタミン類とミネラル類である。こうした栄養成分が含有される割合は、動物の種類や品種によって大きく異なり（165ページの表を参照）、哺乳動物の栄養と健康状態、ふだんの精神状態、授乳の時期によってても変わってくる。[2] 古代ローマの博物学者大プリニウスは著書『博物誌』（77年頃）のなかで、「どんな種類の動物であれ夏よりも春の乳のほうが薄く、また、新しい牧場で育つ動物の場合も乳が薄くなる」と述べている。[3]

また、17世紀のイギリス海軍官僚で、日々の暮らしを綴った日記で名高いサミュエル・ピープスは、老齢になって女性の母乳だけで――しかも実際に女性の乳房から吸って――生きているキーズ博士の話を次のように紹介した。「いらいらと怒りっぽい女の乳を飲むと、彼もまたそうなった。そこで、辛抱強くて気立てのいい女の乳を飲むよう勧められ、そのとおりにしてみたところ、彼の年齢では考えられないほどおだやかな気質になった」

ミルクの味は動物の種類によってさまざまに異なる。動物が食べる餌によってても左右され

ホルスタイン・フリーシアン種はいちばん人気のある乳牛。牧草をたくさん食べて脂肪分の少ないミルクを産出する。

やすく、その餌の風味をおびた、独特の味わいが生まれるようになる。たとえば、チェシャーチーズ（イギリス最古のチーズ）の塩味が強いのは、イングランド北西部の海岸地方ノースウィッチやミドルウィッチで、塩分を含んだ牧草を食べる牛のミルクを原料とするからだ。また、動物が食べる牧草の成分も、薬効のあるものであれ毒性の強いものであれ、ミルクに移行する。19世紀初頭、アメリカの中西部で、大型の多年草マルバフジバカマを食べた家畜のミルクを飲んだために何千人もの人々が死亡した（第16代大統領エイブラハム・リンカンの母親もそのひとり）。この草の有毒成分のせいで起こる病気は、家畜の場合は「震え病」、人間の場合は「ミルク病」と呼ばれた。

乳汁分泌《にゅうじゅうぶんぴつ》の初期、つまり出産直後に分泌される最初のミルクのことを初乳《しょにゅう》という。黄色からオレンジがかった色合いで、濃くて粘りけがあり、カロリーが高く、タンパク質や抗体を豊富に含むが、脂肪分は少ない。初乳は生まれたばかりの赤ん坊に栄養分をたっぷり与え、さまざまな病原体に対する免疫力を高める役割をはたす。そして数日もすると、成熟乳が分泌されはじめる。こちらのほうは、初乳に比べるとたいてい濃度も薄く、色も白っぽい。成熟乳の分泌量はしだいに増えていってピークに達し（その時期は動物種によって異なる）、子供が乳離れして普通の餌を食べるようになるにつれ、産生量は減少していく。

◉なぜ人間は動物のミルクを飲むようになったのか

離乳期を過ぎてもミルクを飲む動物種は、人間しかいない。なぜそうなったのだろう？ひとつには、大昔の人々がミルクを入手できたことがあげられる。羊、ヤギ、牛、水牛、トナカイ、ラクダ、馬、ロバなどの動物を家畜化することによって、わたしたちの遠い祖先はある程度のミルクを手に入れられるようになった。

たとえわずかな量であっても（今日の基準と比べての話だが）、これが人類の文明存続に多大な貢献をした。アフリカや中東で食物や水が乏しくなったときは、動物のミルクが食料がわりになった。かぎられた穀物主体の食事で不足する栄養素（とくにカルシウムとリジン）を補うことができた。さんさんと降りそそぐ日光が少ない地域（とくに北ヨーロッパ）では、骨を強くするビタミンDの供給源になった［ビタミンDは太陽光を浴びることによって体内で合成される］。水と異なり、寄生虫も潜んでいなかった。植物性タンパク（飼い葉）を動物性タンパクに変換するという点では、家畜を育てて肉にするよりも乳をしぼるほうが、わたしたちの祖先にとってはずっと簡単な方法だった。(5)

とはいえ、どんな家畜からもうまく乳をしぼれるわけではないことが、やがてわかってきた。たとえば、雌豚の乳はしぶり腹(6)、赤痢、肺病の治療にすばらしい威力を発揮し、女性の

牛の乳をしぼる女性。13世紀前半の動物寓話集より。

健康増進にもおおいに役立つ、とプリニウスが絶讃したにもかかわらず[7]、豚のミルクは見捨てられた。

　豚はごみあさりをする雑食動物なので、多くの文明で「不潔」だとみなされたのである。また、ほかの家畜にはたいてい2個か4個の乳首しかないのに、豚には14個もの乳首があって、搾乳《さくにゅう》する——乳をしぼる——ことがむずかしい。しかも、ミルクを「出す」のはたったの10～30秒間だけ。それに比べると、牛は2分から4分は出す。したがって、豚のミルクで商売するのは不可能だったにちがいない。豚に珍妙な胴輪をつけて空中につり上げ、乳をしぼろうとする様子を描いた19世紀の銅版画があるが、このアイデアはまったくはやらなかった[8]。

　2007年、動物愛護活動家のヘザー・ミルズ［元ポール・マッカートニー夫人］が、ネズミや猫や犬のミルクを利用すれば牛が放出する温室効果ガスを減らせるのに、どうしてそうならないのだろうと疑問を投げかけていたが[9]、おそらくそれに対する答えは、豚のミルクをあきらめたのと同じ理由と考えていいだろう。

◉動物の搾乳

人類文明における重要な出来事、すなわち搾乳はいつ頃から、どの地域で開始されたのか——最近発見された資料によって、何十年にもわたって考古学者を悩ませてきたこの疑問に新たな光があたりはじめた。

これまでの説では、紀元前9000年から7000年頃に中東で（動物の家畜化が最初になされた場所／現在のイラクにあたる）、動物の肉・皮・角をとることを目的に羊、ヤギ、牛の順番で家畜化が進み、それからしだいに「第二の産物」にも目が向けられるようになって、紀元前5000年代に搾乳・羊毛の採取・家畜の農耕利用がはじまった、と考えられていた[10]。搾乳がおこなわれていたかどうかは、おもに動物の骨を調べて推定された。雌の家畜は普通に食肉処理される家畜の年齢より長く生きている場合があり、搾乳など、食肉以外の用途のために飼われ続けていたことをうかがわせた[11]。

ところが、陶器に付着していたミルクの年代を測定した最近の結果によると、動物の搾乳

はもっと前——紀元前7000年代か、ひょっとしたらそれ以前——からはじまっていた可能性が高まった。しかも搾乳がさかんにおこなわれていたのはアナトリア北西部で（現在のトルコにあたり、中東とはかなり離れている）、そこでは羊やヤギよりも牛のほうが多く飼われていた。この地域には牧草がふんだんにあるため、たっぷりミルクを出す大型の家畜を養うことができたのである。(12)

もちろん、牛以外の動物の考古学的資料もある。群れで飼われている動物の乳をしぼる様子を描いた最古の絵画は、リビアのサハラ砂漠で発見された。その岩壁画から、紀元前5000年頃には羊や牛が家畜化されていたことがわかる。(13)中央アジアのカザフスタン北部では、紀元前3500年から3100年頃の、搾乳用と考えられる馬の骨が見つかった。(14)また、さまざまな美術資料が示すとおり、中東の古代メソポタミア地方で搾乳が実施されていたことはまちがいない。たとえばイラクから出土した多数の円筒印章（紀元前

乳しぼりの光景を描いた初期の絵。雌牛と子牛もいる。イラクの古代都市テル・アル＝ウバイドより出土（紀元前2500年頃）。

2500~2000年頃）［小さな円筒形石材に紋様を彫りこんだ印章］には、子牛が見守るなかで乳をしぼられる牛の紋様などが彫られている。

●最初期の搾乳法

家畜の種類にかかわらず、大昔の人々が搾乳するときにぶつかった最初の関門は、実際にきちんとミルクを出させることだった。ただ子供をどかして手でしぼり出そうとしてみても、うまくいかなかったにちがいない。乳房からはさっぱりミルクが出てこなかっただろうから。乳腺からのミルクの分泌は、ひとえに「射乳《しゃにゅう》反射（乳汁排出反射）」にかかっている。これは意識とは無関係の生理的な反射で、吸われることによって乳首の知覚神経から脳下垂体に信号が送られ、オキシトシンというホルモンが血中に放出される。このホルモンの作用で乳房に貯蔵されているミルクが排出されるのである[15]。

古代の諸文明は、動物の子供に実際に乳を吸わせることなく、射乳反射を引きだす方法を考えださなければならなかった——これは今でもそうだが、巧妙な策略を用いておこなわれた。子供が生きていれば、最初にちょっとだけ乳を吸わせてミルクの出をうながし、それから人間が入れ替わってミルクを回収する。子供を母親の頭のわきに置いておくだけでも射乳反射が呼び覚まされることがあるので、人間はそのあいだにミルクを「盗めば」いい。子供が死んだときは、はいだ皮にその尿を塗りこみ、わらを詰めたカボチャにかぶせたり、人間の背中にかぶったりする。母親が偽のわが子をなめはじめると、たいてい乳が流れでてくる。

こういった作戦が功を奏さない場合は、母親の後ろ脚を一緒にしばり（蹴れないようにするため）、特殊な管を使って、膣か直腸に空気を送りこむ。古代ギリシアの歴史家ヘロドトスの名著『歴史』によると、これはスキタイ人（ユーラシア大陸［アジアとヨーロッパの総称］の騎馬遊牧民）が彼らの雌馬におこなっていた方法だった。「スキタイ人は竪笛《たてぶえ》によく似た骨製の管を雌馬の肛門に挿入し、空気を吹きこむ。ひとりが吹いているあいだに、もうひとりが乳をしぼる。彼らによれば、こうすることによって雌馬の血管が空気でふくらみ、乳房が下方へ押し下げられるのだそうだ[16]」

ほかにミルクを出す方法としては、いつも同じ人間が定期的に搾乳をおこない、乳をしぼっているあいだずっと動物に歌いかけてやる、というものがある。

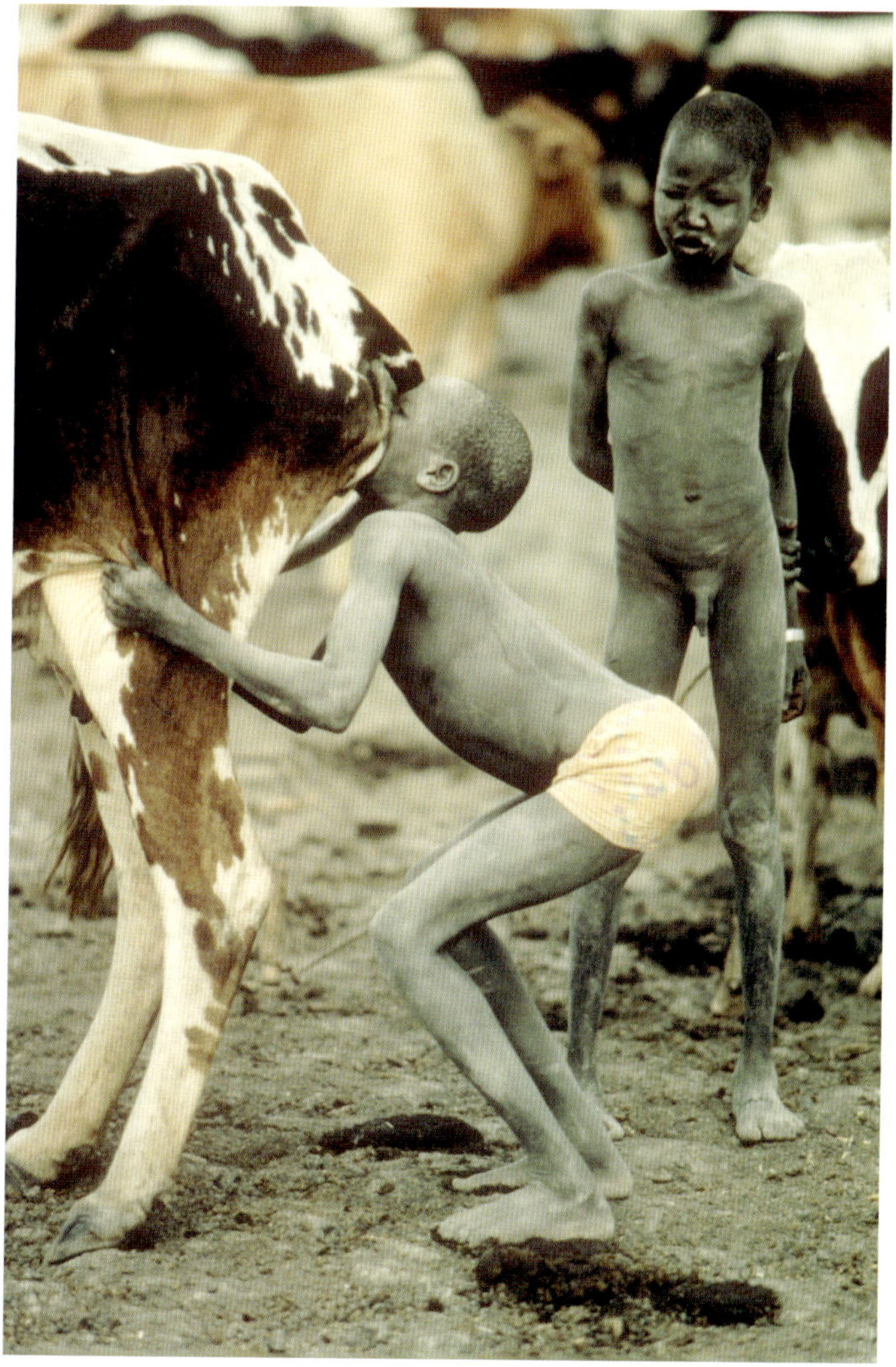

雌牛の膣に空気を吹きこんでミルクの出をうながす牧畜民の子供。東アフリカ（1982年）。

◉搾乳の実際

古代メソポタミアの都市ウル［イラク南部／ユーフラテス川の下流に位置した］で発見された紀元前２５００年頃の大理石の棺《ひつぎ》サクロファガスには、牛の乳をしぼる大昔の様子を描いたレリーフが彫られている。当時の人々は牛の後ろにしゃがみ、後ろ脚のあいだから乳房に手を伸ばしていた。中東や西アジアの寒冷地域に住む人々は、牛の後方から乳をしぼるのを好んでいたようだ。一方、紀元前３０００年代以降のエジプトの墓には、牛の横から乳をしぼる光景が描かれている。ヨーロッパやインドでもそのほうが一般的だったらしい(17)。

羊の場合は、搾乳者はやはり後ろにいるか、あるいはまたがっている。顔を尾のほうに向けてまたがり、羊が動かないように両足でぎっちり締めつけながら体を前に倒し、後ろ脚のあいだから手を乳房に伸ばすのだ——なんとも器用で感嘆すべき体勢ではないか。どの古代文明も羊やヤギは同じ方法で搾乳しており、地中海地方には今もそのやり方が残っている。

雌馬の乳をしぼるときは、どうしても方法はひとつになるらしい。搾乳者は片膝を地面につき、立てたほうの足の太腿に、ひもで片腕に固定した手桶を乗せる。自由がきく腕で後ろ脚を抱えこみながら乳房に手を伸ばし、両手でしぼる準備を整える。子馬を使ってミルクの出をうながしたあと、搾乳者の相棒が子馬を引き離し、乳しぼりが終わるまで母馬のそばに

上：地中海中央部に浮かぶマルタ島のミルク売りとヤギ。
下：ラクダの乳をしぼるときはバランスが重要だ。モンゴルのゴビ砂漠で（2008年)。母ラクダの陰に子供がいることに注意。

モンゴルの草原で雌馬の乳をしぼる夫婦（2006年）

置いておく。ラクダの場合も同様で、子供をそばに置いておく。しかしラクダの乳房は高い位置にあるため、搾乳者は必然的に片足で立ち、普通はもう一方の足を曲げて軸足で支える。そして、曲げた足の太腿に手桶を置いたまま、乳をしぼる——両手を使わなければならないからだ。トナカイの場合は、ふたり一組で搾乳する。ひとりが枝角《えだづの》をおさえ（トナカイには雄《おす》にも雌にも角がある）、もうひとりが乳をしぼる。

◉乳糖不耐症

家畜からなんとかミルクを入手できるようになると、人々はまたもやいろいろな問題にぶつかった。ただ、ここで扱うのは搾乳時の衛生状態についてではない。しぼっていて乳首のすべりが悪いと思えば、搾乳者は容器にたまったミルクのなかに手を浸したことだろう。乳をしぼり終わるまで、手桶や容器のなかにごみや虫、動物の体毛などがたくさん入ってしまうのもしかたなかった。おそらく、そのミルクには大量の細菌が混入していたにちがいない。

感染症の危険は別にして、ミルクそのものの成分のために、動物のミルクを生のまま飲んだ古代の人々は、かなり不愉快で困った事態に陥ったはずだ。下痢をしたり、おなかがはったり、ガスがたまったり、激しい腹痛を起こしたりしたからである。現代社会のわたしたちは生のミルクを飲むのを普通のことのように感じているが、それは決してそうではないのである。

人間は6歳をすぎると、乳糖（ラクトース）を消化する酵素ラクターゼの産生が激減する――ある程度大きくなった子供や大人が、赤ん坊の飲み物であるミルクを飲まなくなるのは、この変化が原因らしい。[18] 乳糖を消化できないという生理的条件は、やはり古代文明でも人々をミルクから遠ざけただろう。実際、東アジア、アフリカ、南ヨーロッパの多くの民族や、アメリカ大陸や太平洋諸国の先住民族はミルクを嫌う。それは文化だけではなく、生物学的な理由でもあるのだ。[19] 生のミルクを消化しがたい人の割合は、世界の人口の75～80パーセントにのぼると考えられている。

また、中国が伝統的に乳製品を嫌悪するのは、14世紀に建国した明朝が、それ以前に国土を支配していた「野蛮な」モンゴル帝国（元朝）にかかわる食品の痕跡をことごとく消し去ろうとしたことに端を発するという。そのため、ほとんどの中国人は母乳を卒業して離乳したあと、動物のミルクに接することはなかった。中国人が「よぼよぼの雌牛の腹から出た粘っこい液を腐らせたもの」とチーズをこきおろしてきたのも、なるほどとうなずける。[20] 一方、いくつかの文明は乳糖不耐症を解決する方法を見つけた。たとえばインド人はミルクを沸かして飲んだし、また、醱酵乳とか、チーズやバターにすればミルクを問題なく食べられるのを発見した人々も多かった。ミルクを醱酵させたり沸かしたりすると、ある程度の乳糖が分解されるからである［加温しても乳糖はほとんど分解されないが、冷たさに対する腸の過敏反応はおさえられる］。

しかし、ミルクを飲む文化圏の人の多くは、乳糖を消化できる程度の酵素を産生する。これには遺伝や環境の要因がさまざまに関係していると考えられる。生存に動物のミルクが欠かせなかった人々は、遺伝的にだんだん乳糖耐性になっていったし（ＬＣＴという遺伝子の突然変異による）[21]、また、乳児期からミルクを飲み続けて一生を過ごすうちに耐性を獲得する場合もあった[22]。

◉ミルクの腐敗

ミルクに対する生理的反応のほかに、古代――のみならず近年まで――の文明が対処しなければならなかったもうひとつの問題は、いったん動物の乳房から出たミルクの鮮度は保てない、ということだった。ミルクの腐敗が進行するあいだ、「運よく」無害な細菌が乳糖を食べると、乳酸が産生されてミルクは一気にすっぱくなり、醗酵して水分と塊に分かれる。こういった通常の酸化で生じるのは、ヨーグルトなど体に害のない産物だ。こうした乳製品は西洋に伝えられて根づいていったわけだが、ことに中東の人々に愛された。しかし、ミルクを沸騰させたあと放置すると腐ってしまい（ミルクの窒素性物質が分解するため）、有害になる。

牧畜がさかんな地域では、高温の時期に腐敗が進んだ。ミルクとは「究極の地方産物で、ちょっとの距離でも輸送は不可能だった」[23]。家畜の乳産生のサイクルにしたがうと、ミルクは春から夏にいちばん豊富になった。子供は春に生まれるし、この時期に牧草が生い茂るからである。暑い時期にミルクが供給過剰になる一方、餌がなくなる秋と冬には状況が一変した。家畜は「干上がって」乳を出さなくなり、大昔の人々は1年のうち4か月間は新鮮なミルクが手に入らないまま、チーズやバターなど、ミルクがたくさんあったときに作っておいた乳製品に頼るほかなかった。

これら3つの理由——乳糖不耐症・季節的な変動・いたみやすさ——のために、多くの文明にとって新鮮なミルクは限定的な飲み物であり、かつ食料であった。

●最初期のミルクの利用法

新鮮なミルクは必然的に、羊飼いや遊牧民など、牧畜を糧にして暮らす人々が食べる飲食物だった。ことに貧しい人々は最低限の必需品に頼って生きていたにちがいない。そのひとつがミルクだった。つまるところ、約束の地カナンは「乳と蜜が流れる場所」であり、それは肥沃で豊饒な土地の象徴でもあったのである。

椀で乳酒クミス［ケフィアよりもアルコール度数が高い］を飲む山地居住者。やはり皮袋で作られる。パキスタン北部（1920年代後半か30年代前半）。

たいてい、新鮮なミルクは醱酵させて別の飲み物に変えられた。たとえば、コーカサス山岳地方（アジアとヨーロッパの境界に位置する）に住む羊飼いは、昔からケフィアという、発泡性で多少のアルコール度のある、ヨーグルト状の醱酵乳を作る。まず、皮袋に羊やヤギの乳とケフィア粒（細菌・酵母・砂糖からなる種菌）を入れ、つるしておく。そのそばを通りかかる人は棒で袋をたたくことになっているので、攪拌されて醱酵が進むという仕組みだ。

他方、富裕層はすぐにミルクを料理に応用した。古代バビロニア［メソポタミア（現在のイラク）南部の地域］の紀元前1750年頃の楔形文字文書には、ミルクや醱酵乳を用いて子ヤギのシチュー「tarru」――鳥の意――のシチューやパイを作ったことが記されている。こういった宴席料理で、ミルクはしばしばブイヨン、つまりスープやソースの素として使われた[24]。

しかし、あらゆる人々が肉とミルクを一緒に使うという料理法を取り入れていたわけではない。とりわけ、ユダヤ教の律法にしたがうユダヤ人がそうだった。旧約聖書の最初の5つの章は預言者モーセが書いたともいわれ、トーラー（律法書）ともモーセ五書とも呼ばれるが、そこにはユダヤ人の食事規定も述べられており、肉と乳は別にしておくように、とされている。いわく、「あなたは子山羊をその母の乳で煮てはならない[25]」［新共同訳］（後述のマサイ族の項も参照）

古代から伝承されてきたインドの伝統医学アーユルヴェーダ――「生命の科学」――も、あたためたミルクと甘いもの、たとえば米、麦、ナツメヤシ、マンゴー、アーモンドは一緒に食べてもいいが、魚や肉をミルクで料理してはならないとした。また、アーユルヴェーダによれば、ミルクは酸味、苦味、塩味、渋味のあるもの、あるいはきつい味のものと一緒に飲んではならない。ミルクが消化されなくなるからである――したがって、食事にはミルクを出さない。

生のミルクをきちんと消化するには、冷たいまま飲まないこと。沸かして泡立つまで沸騰させ、それから弱火にして5～10分間コトコト煮る。熱することによってミルクの分子構造が変わり、消化しやすくなるからだ。沸かしているあいだに、ターメリックの粉か黒コショウの粉をひとつまみ、もしくはシナモンスティック、あるいは少量のショウガを加えてミルクの重さを取り除き、それと同時に体の粘液が関係する悪さも減少させる。[26]こういったアーユルヴェーダの手法は現在も用いられている。

かなりきびしい規定にしたがって口にしなければならないにもかかわらず、牛や水牛のミルクはインドの人々の重要な食料源だった。現在でも、インドは世界最大のミルク生産国であり、2007～8年度の産出量は1億2000万トンにのぼる。[27]そのうち、水牛のミルクが国内流通量の50パーセント以上を占める。[28]飼われているのはおもに乳用の「リバー型（河川型）」と呼ばれる種類で、粗悪な熱帯の飼料でもよく育ち、青や灰色味をおびたミルクをたくさん出す。水牛のミルクは牛乳よりも濃く、味わいもクリーミーだ。あるインド人社会――南インドのトダ族――は水牛の飼養だけで生計をたてている。自分たちで消費するほか、よそに売って利益を得る［物々交換が主体］。60の同族コミュニティ「mandus」に住む1000家族で、約18000頭の水牛を飼っている。[29]

ディ（雌のヤク）の乳しぼり。子ヤクがそばにいる。モンゴル（2008年）。

◉ミルク中心で生きてきた社会

トダ族やインドの農村地域だけでなく、伝統的にミルクを不可欠な食品としてきた開発途上国や部族社会は多い。チベットでは、遊牧民が乳用に飼っているのはヤクである。ただし、ヤクは雄をさす言葉で、雌のほうはディという。ミルクは金色がかっており、濃く、深い味わいがする。しかし牧草が乏しいため、1頭のディは1年に200〜300キログラムの乳量しか産出しない（それにひきかえ商業用の乳牛は1日に20〜30キログラム産出する）。

ミルクをそのまま——ただし沸かしてから——飲むのは子供、老人、病人がほとんどだが、ミルクが豊富にある夏場は、お茶に入れて「ミルクティー」にしたり、醱酵させて飲んだり、あるいはバター（お茶に入れることもある）、カード［ミルクを凝固させたもので、凝乳《ぎょうにゅう》ともいう］、チーズにしたりする。また、ミルクとキノコの煮込み料理は牧畜民が大好きなごちそうだ(30)。

モンゴルでは、毎年、馬乳のしぼり初めをしたときに、お祝いをする慣わしになっている。それは「白い食べ物」の季節――ミルク、チーズ、カード、乳酒が手に入る時期の開始を告げる出来事だからだ。普通、馬乳を生で飲むことはない。激しい下痢を起こすからで、この副作用は共和政ローマ期の学者ウァロが紀元前1世紀に書いた『農業論』にも記載されている(31)。馬乳酒――モンゴルではアイラグ、それ以外の地域ではクミスと呼ぶ――には独特の強い酸味と風味があり、アルコール度数はさほど高くない。

これを造るときは、まず生の馬乳を羊などの皮袋に入れる。それから、先端が大人の頭ほどもあり、くり抜かれてへこんだ、頑丈《がんじょう》な棒でかきまわす(32)。やがて馬乳はすっぱくなって醱酵が進行し、3日もすると馬乳酒になる。この飲み物は祝い事には決して欠かすことができない。

フランスのフランドル地方出身のフランシスコ会修道士ウィリアム・ルブルックは、1253年から1255年にかけてモンゴル帝国に派遣され、当時の世界最強の都市にしてアジア大陸の要衝である帝都カラコルムの宮廷を訪問したが、その旅行記にも馬乳酒の記載がある。ルブルックは宮廷用のコスモス（アイラグのことを彼はこう呼んだ）についてくわしく書き残し、３０００頭の雌馬が乳を供給していると述べ、コスモスの味を次のように語った(33)。

飲んでいるときは搾り滓《かす》から造った安葡萄酒のように舌を刺し、飲んだあとにはアーモンドミルクのような味が舌に残って、うきうきと楽しい気分になります。もちろん、酒に弱い人が飲めば酔いますし、また、強い利尿作用があります(34)。

ベドウィンなどの砂漠の遊牧民も、昔からラクダのミルクに頼って生きてきた――決定的に水が不足している環境には欠かせない水分だったのである。ラクダ自体も脱水状態の場合、ミルクは非常に水っぽくなり、砂漠を旅する人々にとって栄養と水分に富んだ食料となる(35)。プリニウスは『博物誌』で、ラクダの乳は水で4倍に薄めると飲みやすいと述べた（おそらくこれは脱水ではないラクダの乳だったのだろう(36)）。

たとえ羊やヤギのミルクが手に入る場合でも、ベドウィンが飲むのはラクダのほうで、他の動物のものはバターやチーズにした。ラクダのミルクのほうがずっと好まれていただけでなく、健康によいと考えられていたからである。ベドウィンはラクダのミルクがC型肝炎、腹痛、性的不能、消化にかかわる問題によく効き、また病気に対する免疫力を高めると信じている。(37)

東アフリカのマサイ族は、伝統的に家畜の牛のミルク、肉、血液を主食にしてきた牧畜民である。マサイ族の文化には、ミルクと肉を一緒に食べてはならないというきまりがあるため（屍骸から得た糧と生命から得た糧を同時に食べるのは、彼らの牛に対する侮辱になるからだ）、マサイ族の人々はミルクを10日間――生乳か凝乳《ぎょうにゅう》で――たっぷり飲み、その後の期間は肉や樹皮のスープを食べて、ふたたびミルクに戻る。ただし、ミルクは血液となら混ぜてもよい。牛の頸静脈に矢で傷をつけ、ぽたぽたとしたたってきた新鮮な血液を使って作る血液ミルクシェイクは、宗教的儀式に用いたり、病人や体の弱っている人への滋養強壮剤として与えたりする。

スカンジナビア半島北部ラップランド［スウェーデン、フィンランド、ノルウェー、ロシアにまたがる地域］に居住するサーミ人が家畜にした唯一の動物は、トナカイだった。夏場にわずかばかりのミルクが得られるだけだったが、サーミ人は生のまま飲んだり、かたまりかけた乳を火にかけて上澄みの乳清《ホエイ》をとばして得られた固形分（カード）をコーヒーでやわらかくして食べたり、チーズを作ったりした。現在、トナカイの乳しぼりは日々の暮らしから遠ざかったが、高齢のサーミ人はトナカイの乳とハーブ――カタバミやアンゼリカの花のつぼみなど――をとろとろに煮て小樽につめ、長い冬の食料としてたくわえていたことを覚えている。(38)

◉古代ギリシア・ローマと生のミルク

あらゆる古代文明が生のミルクを飲んだわけではない。その代表が古代ギリシアとローマである。今日と同じく、地中海地方のミルクはヤギと羊が中心だった。この地域は暑く乾燥していて、牛に必要な青々とした牧草が育たないけれども、ヤギと羊はそうした気候によく適応した。量と濃度を増すために、二種類のミルクはよく一緒に混ぜあわされた。ヤギは羊よりも数倍多くミルクを出すが、濃度は羊のほうが濃く、風味が豊かだからだ。こうして得られたミルクは、たいていチーズ作りに使われた。

ローマの都市居住者は、いくつかの理由から好んでミルクを飲みたがらなかった。まず、ほとんどのミルクは市街地の外にある農場で生産されるため、鮮度を保つことができなかった。次に、前に述べた明朝と同じく、古代ローマの知識階級はミルクを生で飲むのは野蛮人(非ローマ人)で、無教養で野卑な遊牧民のすることだと考えていた。(39)ヘロドトスは遊牧騎馬民族のスキタイ人を雌馬のすっぱい乳を飲む輩《やから》と記しているし(すっぱくなるまで奴隷が乳をかきまわした[40]、ユリウス・カエサルはガリア遠征時の紀元前54年に遭遇したブリトン人部族を「乳と肉で生活している」と述べた[41]［ブリトン人はブリテン島のケルト系先住民族の総称］。

しかし、当然ながら農村地帯に住んでいるローマ人たちは、彼らが飼っている羊やヤギのミルクをいつも――イデオロギーを上まわる実際的な理由から――飲んでいた[42]。田舎の人々は生の乳にパセリの小枝数本を入れて風味づけをしていた、とプリニウスはいう[43]。しかし、都会人はある種のミルクを珍重した。すなわち、「初乳」である。古代ローマの詩人マルティアリスは著作集『エピグラム』（86～103年）のなかで、裕福でない人が宴に招かれた際、みやげにもっていける品として初乳をあげている[44]。

プリニウスによると、乳は胃でかたまり、ガスの原因になると「知られて」いるため、乳を飲むときは下準備が必要だ、と述べた。

乳のうち、最高の品質は爪にたらすとくっついて、流れ落ちていかないものだ。乳は煮るとたいてい害が少なくなる。とりわけ海辺の小石とともに煮るのがよい。牛の乳がもっとも通じをよくする。また、どんな乳も煮ると鼓腸《こちょう》を起こしにくい[45]。

古代ローマの美食家アピキウスの著書『ローマの料理帖』には、生乳を使ったレシピがいくつか載っており、古代ローマやギリシアで生乳をどのように料理に応用していたかがわかる。料理法は、塩漬け肉をやわらかくするためにミルクで煮るという簡単なものから、魚、鳥肉、ソーセージ（ほかにオイスター、脳髄、クラゲなども入っている）をミルクと卵のクリームで煮てテリーヌにするという豪華な一品まで幅広い。(46)また、木の実とカスタードのパイなどの菓子にも使われたほか、「cocleas lacte pastas（乳で肥育したカタツムリ）」という実験的な料理もあった。

カタツムリをとり、スポンジできれいにしたあと、（殻から）出られるように膜を取り除く。容器に（カタツムリと）ミルクと塩を入れて一日間おいたあと、その後の数日間はミルクだけにして飼い、一時間おきに排泄物を取り除く。カタツムリが殻にもどれなくなるほど肥ったら、オリーブ油で揚げる。(47)

醗酵させてヨーグルト状にしたり、凝乳状にしたりしたミルク（それぞれoxygalaやmelcaといった）は、そのまま食べるか、蜂蜜や、熟していないオリーブからとったオリーブ油を混ぜて食べた。(48)こういったヨーグルトは、生乳に醗酵乳や醗酵させたイチジク果汁、レンネ

ヤギと牛の乳しぼりの様子を描いたイギリスの絵（12世紀）

ット［子牛や子羊の胃に存在する凝乳酵素］をかけるという単純な方法で作られた。

カエサルは古代イギリスに住んでいたブリトン人を「乳を飲む者」とかなり軽蔑的に描写したが、ローマ人社会でもそうだったように、北ヨーロッパの貧しい階層はたいていミルクを飲んでいた。

◉北ヨーロッパ

イギリスでは、新石器人が最初に家畜の牛、羊、ヤギをつれて渡ってきて以来、ミルクは人々の大事な食料だった――もちろん当初は乳糖不耐症で苦しんだだろうが。はじめは牛のミルクが好まれていたが、青銅器時代になって森林地帯が開けてくると、羊やヤギを飼う数が増え、その乳をしぼるようになった。(49) 羊やヤギのミルクは16世紀までイギリスの食卓の材料だった。

年代編纂者のウィリアム・ハリソンは1577年、「雌

ミルクメイドと牛の乳しぼりを彫った石板。ブリュージュ（ベルギー）の民家の壁。

羊の乳は鼻につく匂いがあり、甘く、その味は（慣れている場合は別としても）好んで口にしたがる者は誰もいなかろうという代物だ」とし、ヤギの乳は「胃を助け、腹のつまりを取り除き、肝臓の働きを止め、腹をゆるくする」と述べた(50)。しかし、未熟ながらも酪農業がはじまると牛の飼育数が増加し、結果的にふたたび牛のミルクが主体になった。

北欧、イギリス、フランス、ドイツ、オランダでは、農民や貧困層が生きる糧として（生で飲むことも含めて）自分たちの飼う家畜のミルクに頼ったのに対し、富裕層は――16世紀には確実に――ミルクや乳製品を料理に使う材料とみなすようになっていた。ミルクはたいてい軽蔑の対象で、「白い肉」（ミルク、チーズ、卵のこと）と呼ばれ、パンとポタージュは貧民の食べ物として見下されていた(51)。イギリスの廷臣で博物学者のケネルム・ディグビー卿が１６５８年に述べたように、「たとえ極貧の農民であっても、家族を乳で養うために１頭の牛は飼っている。これは貧しい人々が真っ先に頼りとする糧なのだ」。

しかし、ミルクを消費することにかけて右に出る者がいないのは、アイルランド人だった。16世紀の紀行家ジョン・スティーヴンスによれば、「これほど乳を愛する人々に会ったことはない。彼らはおよそ20種類もの方法で、乳を飲んだり食べたりする(53)」。中世アイルランドの風刺詩『マクコングリンの幻視 *The Vision of Mac Conglinne*』を読むと、何世紀にもわたって食生活とミルクが切り離せないものだったことがよくわかる。「とっても濃い乳、濃すぎない乳、十分濃い乳、普通に濃い乳、黄色く泡立った乳、飲みこむ前に嚙まなきゃならぬ……(54)」

●アメリカ大陸とミルク

日常的に乳製品を食べていたヨーロッパ人は、当然のなりゆきとして、彼らが発見した新世界の植民地にミルクを飲む習慣を広めていった。スペイン人は家畜の牛を持ちこみ、その結果、16世紀の中央アメリカと南アメリカにミルクが広まったが、当時は入植者の母国と同じように、チーズ作りに使われるほうが多かった。現在、アメリカ大陸ではごく普通にミルクが飲まれている。とくにアルゼンチンでは、人口の80パーセントがミルクを常飲する。これもヨーロッパ人が破竹の勢いで植民地化していったなごりといえよう。[55]

しかし、いちばん古い記録は1611年5月（1610年という説もある[56]）にヴァージニア州ジェームズタウンに到着した牛に関するもので、それを読むとイギリス人の入植地にとってミルクがどれほど大事であったかをうかがわせる［ジェームズタウンが建設されたのは1607年］。総督のデラウェア卿は踊るような筆致で、牛の輸送船がさらに来年もやってくることへの期待を記した。

乳、わが同胞にこのうえない栄養と活力を与えるもの。また、（ときには）食料だけではなく薬にもなるもの。だから疑う余地はないであろう、神の御心のままとはいえ、トーマス・デール卿とトーマス・ゲイツ卿が100頭の雌牛という破格の補給物資をたずさえてヴァージニアにやって来ることは。

そう、こうやって牛が導入されたことにより、アメリカとミルクの激動の歴史がはじまった。

第2章◉白い妙薬

純粋に実用的な飲食物という観点から見るのとは別に、ミルクを神秘的で貴重な物質とする考えは遠い昔からあった。おそらくミルクの稀少価値が関係していたのだろう。動物から得られる、神からの汚れなき賜りもの。それは幼子（神々であれ、王や聖人、あるいはただの人間であれ）をはぐくみ、病人の健康を取りもどす品としてあがめられた。その評価が色褪せるまでの長いあいだ、あまたの国々や神話がミルクを「白い妙薬」とした。今日でも、眠りにくいときは床につく前にあたためたミルクを飲むと気分が落ち着いてよくやすめる、といわれている。

真っ白なミルクのしずく。純粋無垢の象徴。

◉純粋無垢なミルク

ハーヴァード大学医学部の衛生予防医学科教授M・J・ローズナウが1912年に書いた著作には、完全無欠で健康によく、純粋なもの、というミルクのイメージがあますところなく述べられている。

ミルクはどこにでもある。それはつねに純粋さの象徴であり続けてきた。この世に生まれてきてから数か月のあいだ、赤ん坊が口にする唯一の食べ物であることや、おだやかで優しい働きと完全性が、その通念を後押しする。ミルクのまったき白さも、善なる概念に花を添える。[1]

事実、「乳白色」と評されるものは、おしなべて純粋とされた。17世紀イギリスの詩人ジョン・ドライデンの『雌鹿と豹』(1687年)では、乳のように白い雌鹿が「絶対的真理の」ローマカソリック教会の象徴として、斑点に覆われた豹が英国国教会を体現するものとして描かれた。

また、もっと時代をさかのぼった例としては、古代インドのサンスクリット叙事詩『マハ

汚れのない子供をあらわすミルク。「乳しぼりの娘」アレクセイ・ヴェネツィアーノフ
1820年代　油彩（キャンヴァス）

ーバーラタ』があり、神々と悪魔たちは不死の霊薬を手に入れるため、協力して乳の海を攪拌したという。この白い乳海は精神、すなわち人間の意志をあらわしている。本質的には純粋であるけれども、攪拌されているという点において、人間の精神が形作る人間界のありようを象徴しているのだ。人の心は毒（欲望や利己心）を生むこともあれば、気高さ（精神的な幸福）を生むこともある。攪拌された乳海から生まれた宝のなかに、牛の女神にしてすべての雌牛の母であるカーマデーヌがいた。この女神は、彼女の所有者の望みをすべてかなえるという豊穣の牛でもあり、願いをかなえる牛とも呼ばれた。

◉ヒンドゥー教

インドのヒンドゥー教徒が牛を崇拝するいちばんの理由は、ミルクにある。牛は人間に命の糧となるミルクを与えてくれるからだ。牛とのむすびつきから、ミルクは神々への最高の供え物とされる。ヒンドゥー教の三大神のひとりで破壊をつかさどるシヴァ神への礼拝をおこなうとき、シヴァ神の象徴であるリンガ［サンスクリットで「標（しるし）」を意味し、とくに男性器をさす］の像は、花、ミルク、清らかな水、果物、葉、米などの供え物で飾られる。

もちろん、ミルクはヒンドゥー教のほかの神々にもよく献じられる品で、１９９５年９月21日、地球規模で「ミルクの奇跡」が起きた。それはニューデリーのある寺院からはじま

乳海攪拌（サムッドラ・マンタン）をあらわした像。バンコク空港にて（2008年）。

った。僧がガネーシャ神（シヴァ神の息子で象の頭を持つ）にミルクを供え、神像の体にスプーン一杯のミルクをかけたところ、あたかも神像が飲みほしたかのように消えうせたというのである。

この奇跡のニュースはまたたくまに世界中に広がり、イギリス、カナダ、ドバイ、ネパールのヒンドゥー教寺院でも同様の現象が起きたとの報告があいついだ。ガネーシャ神やシヴァ神、あるいはほかの神々の小さな像が、文字どおり数分以内に手桶のミルクを「飲みほした」のだという。この「奇跡」は現代の超常現象の報告としては最大のものとなった。翌日になると、神々の像はミルクを受け入れるのをやめた。世界中のヒンドゥー教徒はこの奇跡を、世界の諸問題は信仰によって克服されるという啓示なのだ——神像がミルクを飲むことによってそれを示したのだ、と考えた。(2)

ヒンドゥー教の浄めの儀式にもミルクが用いられる。その究極の例がヒンドゥー教徒の信仰告白と苦行の祭り、タイプーサムだろう。この祭礼で信徒たちは自己犠牲とムルガン神——アジアのタミル人に崇拝されている国民的神——への感謝をあらわす。苦行が危険をともなうためインドでは禁止されているが、マレーシアのクアラルンプール北部の洞窟寺院バツーケーブでおこなわれるものが有名だ。体を傷つける苦行（背中に鉤などを刺したり、舌に針や串をとおしたりする）のほか、2リットルも入る壺でミルクを供えたりする。巡礼は

上：シヴァ神にミルクを献じる様子。西ベンガル州のマヤプールにて。
下：タイプーサムの祭りで神輿カヴァディをかつぐ信徒。皮膚に小さなミルクの壺のついた鉤を刺している。マレーシアにて。

ミルクの壺を頭に乗せて洞窟寺院にいたる272段の階段をのぼり、心と魂の浄めの行為として壺をからにする。ミルクは純粋さの象徴なのだ。

インドでは、ミルクはとくにクリシュナ神とかかわりが深い。クリシュナは、最高神のひとりで世界の維持をつかさどる神ヴィシュヌの第8番目の化身とされ、牛飼いたちに育てられた。だから、クリシュナ・ジャヤンティ（クリシュナ神の降誕祭）の供え物には、ミルクを主体とした食べ物やお菓子がなによりもふさわしい。

また、クリシュナはナーガ・パンチャミ（蛇神の祭り）にも関係している。これはクリシュナが蛇王カーリヤを退治したことを言祝《ことほ》ぐ祭礼だ。祭りは7月か8月におこなわれ［パンチャミは新月から5日目の意味］、その日に蛇——とくに全ヒンドゥー教徒が神聖視するコブラ——を喜ばすためにミルクを供える。家や寺院の近くにある蛇穴にミルクを注いだり、蛇が飲めるよう蛇穴の近くにミルクの容器を置いたりする。実際に蛇がミルクを飲んだら、信徒にとってこのうえない吉兆と考えられている。これからはじまる雨の季節、穴から這い出て人間の生活圏内に入りこむ蛇に自分も家族も噛まれないようにとの願いをこめて、人々は蛇の好物とされるミルクを供えてなだめるのである。

●神々の食べ物

ミルクを神に注いで献上するのは、ヒンドゥー教にかぎったことではない。プリニウスによれば、伝説上のローマ建国者ロームルスはワインよりもミルクを注がれることが多く、火葬に付されるときは薪の山をミルクであふれるほどに濡らしたという。おそらくこれは、双子の兄弟ロームルスとレムスが雌狼の乳で育てられたという伝承から来ているのだろうが、実際にはワインが貴重だったからだろう(3)。

古代エジプトでもミルクを献じて女神イシスを拝んだ(イシスは頭上に牛の角をつけた姿に描かれる)。ミルクにアーモンドシロップとイチゴを加えた、聖なる「イシスの乳」というレシピが今に伝えられている(4)。ほのかなピンク色と甘味をおびたこのミルクは、イシスの息子ホルス、死者、そしてファラオ——ホルスの化身でイシスの聖なる息子とされた——を養うためにイシスが与える癒やしの乳をあらわしていた。ミルクはシトゥラという乳房の形をした壺に入れられ、礼拝に向かう人々の列に運ばれるあいだ、聖なる浄めの供物として地にしたたり落ち、川を作った。

ファラオがイシスの乳を飲んで育ったという伝説と同じく、ゼウス(ギリシア神話の最高神)とユピテル(ローマ神話の最高神)も赤ん坊のとき、ヤギの乳と蜂蜜で育てられたとい

「ユピテルの養育」ニコラ・プッサン　1630年代半ば　油彩（キャンヴァス）

う——乳を与えたのは聖なるヤギのアマルテイアだとする神話もある。そのため、ミルクはよく蜂蜜と混ぜられるようになり、古代ギリシアやローマでは死者や神々に供えられた。この蜂蜜入りミルクは古代ギリシアでメリクラトンと呼ばれた[5]。

　ほかにも、動物が神々に乳を与える神話は多い。北欧神話では、雌ヤギのヘーズルーンが出す乳は、戦死したアース神族の英雄たちが主神オーディンの殿堂ヴァルハラで飲む蜜酒となった。また天地創造のとき、世界で最初の雌牛アウドムラの出す乳が4つの川となり、巨人ユミルを養った——北欧神話によれば、死んだユミルの体から世界ができたとされる。

◉霊的な食べ物

ミルクは神々だけでなく、賢者や預言者、聖人の食べ物でもあった。古代インドのアーユルヴェーダによると、どの人間にも3つの心の質——サットヴァ（純質）、ラジャス（激質）、タマス（惰質）——があり、どれが優勢かによって気質が決まるという（中世ヨーロッパの4体液説とよく似ている）。同じ属性は食物にもあって、それが人間の非生理的な部分——すなわち精神、心、感覚、魂に働きかける。人間の母乳を除くすべてのミルクのうち、牛乳はもっともサットヴァに富む食べ物である。つまり、活力を与えると同時に心を落ち着かせ、おだやかに気高くあれるように作用する。(6)

しかし、乳をしぼったあと4時間以内に飲まなければならず、さもないとしだいにラジャス的になってきて、刺激といらだちの作用が前面に出てくる。賢者や聖人、預言者は、新鮮なミルクやキール（ミルクがゆ）など、地元の信徒が持ち寄るサットヴァ食物だけで生きることができ、その力によって崇高な精神性を発展させていった。ミルクは世俗的な欲望から彼らを遠ざけ、心静かに高邁な真理の探究を続けさせてくれるものだった。(7)

インド以外の地でも、ミルクは精神を啓発する役割をはたした。仏教では、悟りを得られる道ではないと難行苦行を捨てたガウタマ・シッダールタ（仏教の開祖／通称は釈迦）に、村娘が蜂蜜入りの牛乳がゆをふるまったという。その布施で気力を回復したガウタマは瞑想を続け、とうとう悟りを開き、仏陀――正しい悟りを得た者――となった［釈迦はネパールに生まれ、インド北東部のブッダガヤで悟りを開いたといわれる］。

アイルランドにも、ミルクと深くむすびついた聖人として聖ブリギッドがいた［ブリジッドともいう］。彼女は赤ん坊の頃はミルクで体を洗い、魔法の別世界から来た雌牛の乳を飲んで育った。というのも、普通の牛の乳だと消化できなかったからである。この魔法の雌牛は白い体に赤い耳をしていて、ブリギッドの聖日（2月1日）前夜、彼女とともに農村をまわった。一年のその時期は雌牛の乳の出が悪く、農婦たちは祝福されたロウソクを持って牛小屋へ行き、聖ブリギッドの祝福によって春にはたくさんの乳が出るようにとの願いをこめて、雌牛の乳房の上にある長い毛を焼き切った。そして五月祭の朝になるとあふれんばかりの乳が流れだし、おおぜいの若者たちが農場にやって来てはミルクで作ったごちそう――シラバブ［ミルクにワインやリンゴ酒で味をつけ、砂糖を加えた飲み物］、カード（凝乳）、ジャンネット［味つけした牛乳で作るカスタード様の菓子］、クリームケーキなど――を楽しんだという。(8)

聖ブリギッドに乳を与えたような魔法の雌牛は多い。ヴュウヒ・ヴレッヒはウェールズ地

北アイルランド、ベルファスト南部の聖ヨハネ教会の窓を飾る聖ブリギッドを描いたステンドグラス。アイルランドの作家エヴィ・ホーン（1894～1955）の作品。

方の民話に出てくる黒と茶色のまだらの雌牛で、乳を必要としている人のもとにあらわれ、大きな桶いっぱいの乳を出すと、湖のなかなどに消えうせるのだった。アイルランド民話には、グラス・ガヴナンという灰色の雌牛が登場する。どちらの雌牛もたたかれたり、漏れる桶で乳をしぼられたりするなどして腹をたてると、乳を出しきらないまま姿を消した。また、ダンカウという魔法の雌牛は、乳をだまし取られたために荒れ狂い、最後にはサクソンの勇者ウォーリックのガイに殺されてしまった。

◉魔法をかけられた牛と醱酵乳

北ヨーロッパでは、ミルクは貴重な食料だった。そして、いかなる魔術にも非常に弱く、牛の乳の出が止まるのも、乳に血が混ざるのも、あるいはミルクが「腐る」のも、昔は魔術のせいだと考えられていた。(9)

まっさきに犯人だとされたのが魔女である。とくに、野ウサギに姿を変えて出没するのだといわれた。魔女の悪さを防ぐために、アイルランドではナナカマドの木を乳桶のまわりに巻きつけた。五月祭の日には牛小屋の扉にもナナカマドをつるし、サクラソウの花綱を牛の首にかけたり、搾乳小屋の扉の前に置いて敷居をまたぐときに踏んだりした。スコットランドでは、赤いリボンを牛の尾にむすんだ。

そのほかの精霊、たとえばスウェーデンの小妖精トムテや、イングランドのいたずら小鬼ロビン・グッドフェローは、ミルクを使った食べ物をもらえないと酪農場にありとあらゆるいたずらをしかける、と考えられていた。宗教の注釈者サミュエル・ハースネットは1603年に次のように述べている。

ロビン・グッドフェローや修道士、乳しぼり女に凝乳やクリームがたっぷり入った椀を用意してやらないと、どうしたことか、次の日にポタージュの鍋は焦げ、チーズはかたまらず、バターはできず、大樽のエールにはさっぱり泡がたたない、という事態になりはてる。(10)

夜中に農作業や家事をこっそり手伝ってくれる小妖精ブラウニーも、クリームやおいしいミルクの椀、蜂蜜を塗ったケーキなどを毎晩欲しがり、もらえなければ農場のまわりで大騒ぎを起こすのだった。スコットランドのシェトランドなどの島々では、ブラウニーに敬意を表して、穴のあいた石に献上のミルクやビールを注いだ。(11)

妖精や魔女を追いはらう以外に、乳の出をよくするためにも乳しぼり女は牛に唄を歌った。次の童謡はもともと、乳の出が悪い、つまり魔法をかけられた雌牛に歌ってやるおまじないだった。

角のない牛さん、かわいい子、乳をお出し
そうしたら絹のドレスをおまえにあげる
絹のドレスに銀のタイ
おまえが乳をくれたらわたしもあげる(12)

●薬としてのミルク

精神作用だけでなくもっと実際的なレベルで、ミルクは古代から病人に効く薬と考えられてきた。プリニウスは解毒作用から皮膚のかゆみの軽減、目の軟膏用にいたるまで、ミルクの薬効を44種類もあげている。彼によれば、薬効という点ではロバの乳がもっともすぐれており、その次に牛、それから羊の乳が続くという(13)。実際、ロバの乳は健康増進と諸症状緩和にいちばん効くミルクとして、歴史上不動の地位を保っていた。ロバの乳は痛風を治し、しかもプリニウスによると古《いにしえ》の人々は、子供の健康を保つには食前にロバかヤギの乳を与えるのが一種の秘訣、と考えていたらしい(14)。

ケルトの人々は薬に牛のミルクを使うことが多かった。たとえば、ぶちではない、体毛が

闇の中に浮かび上がる不気味なミルク。ヒッチコックの映画『断崖』（1941年）より。

一色の牛の乳は便秘に効くとされた。『フェアファクス家の秘薬 *Arcana Fairfaxiana*』（薬屋の伝承と家政について16世紀に書かれた本）に、次のようなレシピが載っている。

食用カタツムリを準備する。5匹から殻を取り除き、赤牛の新鮮な乳1クオート（約1リットル）に入れ、乳の量が1パイント半（約850ミリリットル）になるまで煮つめる。これを朝晩、また日中の好きな時間帯に飲む。(15)

スチュアート朝時代［17世紀から18世紀初頭］のイングランドでは、ヨークシャー州のスキプトン城で生まれたレディ・アン・クリフォードが、祖先の第12代クリフォード男爵の逸話を書き残している。それによると、妻の死によって悲嘆の病に伏した男爵は、4週間女の乳房から母乳を吸うことで回復し、その後はすっかり健康を取りもどすまで数か月間ロバの乳を飲み続けた。[16] 詩人で風刺家のアレクサンダー・ポープにけなされたことで有名なジョン・ハーヴィー卿――ポープいわく「ロバの乳で作った白い凝乳にすぎないやつ」[17]――もミルクの効用の信徒で、てんかんの発作を防ぐために毎日少量のロバの乳と1枚の小麦ビスケットを食べていた。

1780年から、地方の地主貴族がロンドンで社交生活を送る5～8月の「ロンドン・シーズン」中、路上の雌ロバから直接乳をしぼって飲むことがはやった。この商売でいちばん古い会社は、ウェストエンドのボルゾーヴァー街にあるドーキンズ社だが、この会社は搾乳用のロバの賃貸しもおこなっており、飼育法と乳のしぼり方を記載した指南書をつけて、全国(ブライトンからスコットランドまで)の家庭にロバを送っていた。ロバは1日に約2パイント(1リットル超)の乳を産出する。ロンドン全体で必要な量は50頭分くらいで、大きな缶ひとつもあれば十分だったため、ロバの賃貸しも収入源にしていたのである。[18] 人気が絶頂のときは、ロバの乳は匙かげんのむずかしい肺病患者にぴったりと医師にもてはやされた。詩人のエリザベス・バレット・ブラウニングは、結核のためにイタリアのフィレンツェ

ロンドンのケント街でロバの乳を飲む人々。1760年頃。

で1861年に亡くなる前、肉・魚・野菜を煮だしたスープとロバの乳だけで命をつないでいたという[19]。

赤ん坊にもロバのミルクが与えられた。これは1880年代にパリの子供病院で熱心におこなわれた。乳児室担当のパロー医師は、ロバのミルクで赤ん坊を育てる方法を次のように説明している。

ロバを飼う小屋は清潔と衛生に配慮されており、換気も十分だ。小屋は乳児室に隣接している。おだやかに扱えば、ロバは連れてこられた赤ん坊にいやがらずに乳を与える。ロバの乳首は赤ん坊が口にふくめる大きさで、吸うのにも支障はない。看護婦はロバの右後方の位置で椅子に座る。赤ん坊の頭を左手で支え、体を膝に乗せる。必要に応じて右手でロバの乳房を押し、乳の出をうながす。とりわけ、赤ん坊の吸う力が弱いときはそうしなければならない。授乳は日中に5回、夜間に2回おこなう。1頭のロバで3人の乳児を5か月間養える[20]。

しかしこの養育法は、乳の保存にかかわる問題や、消化不良などで多数の子供が死んだことにより、完全に捨て去られた。

1800年代半ばから後半にかけて、「ミルク療法」（ほかに「ヤギの乳療法」「乳酒《クミス》療法」「乳清《ホエイ》療法」などもあった）が爆発的に流行した。とくにロシアやドイツでの人気が高く、ヨーロッパ各地の新聞は、病人や乳児に対する施療家たちの宣伝でたえずにぎわっていた。しかし、ロンドンの日刊紙ザ・タイムズには、その「治療効果」に疑問を呈する書評が載っている。

病人はドイツに足を踏み入れたとたん、何ダースもの治療法がわれもわれもと名乗りをあげていることに気づく……この世の親切ごかしの詐欺のうち、もっとも無邪気で愛想よく見えるのはわれらが友を動員したもの――すなわち水療法、ミルク療法、ブドウ療法、サクランボ療法、断食療法だ。(21)

そして1909年、ノーベル生理学・医学賞を受賞したメチニコフ教授が老化を防止するための「ヨーグルト療法」を提唱した。ブルガリアのヨーグルト中で発見された乳酸菌を用いたもので、「腸内の腐敗菌」を一掃するのに役立ち、「腐敗菌を根絶することにより、身体を真に健康で活力に満ちた状態に整える」とした(22)――これは今日のプロバイオティクス食品［体によい微生物を利用した食品］のはしりともいえる。その後、セントアイベル社の乳酸チーズや、マソレッティズというチョコレートボンボンなど、乳酸菌をもっとおいしく摂取できる食品の開発があいついだ。

今日にも「ミルクダイエット」の推奨者はいる。生乳（のほうが好ましい）を少なくとも3週間飲み、そのあいだはベッド上で安静を保つこともあれば、しないこともある。慢性疾患や虚弱体質によいとされるが、健康状態がいちじるしくそこなわれて回復途上にある成人には適さない――ある古典的な指南書[23]には、急性期、とくに熱のある病人はやめたほうがよい、とのただし書きがついている。また、便秘、吐き気、口臭など、ミルクだけの食事で起こりうる副作用はかなりの数にのぼるようだ。

とはいえ、食事にミルクを取り入れると、たしかに健康を保って長生きできるのかもしれない。その証拠とされるのが、２００６年に１１６歳で没した（当時）世界最高齢の女性、エクアドルのマリア・エステル・デ・カポヴィーラである。家族の話では、彼女が長寿を保った秘訣は、ロバの乳の驚異的なパワーにあったのだという。

◉そのほかの効用

よく知られているとおり、古代エジプトのクレオパトラ（紀元前69～30年）は美しさを保つために日々ロバの乳を愛用し、また、古代ローマ皇帝ネロの2番目の妃ポッパエア（30？

乳風呂を楽しむポッパエアを演じるクローデット・コルベール。映画『暴君ネロ』（セシル・B・デミル監督。1932年）より。

〜65年）もその伝統を受け継いだ。プリニウスによれば、ポッパエアは自分の浴槽をロバの乳で満たすために、どこに行くにも（子ロバを含めて）雌ロバの大群を引き連れていったという。ロバの乳は肌のきめを整えてやわらかくするだけでなく、しわを取り除き、美白効果があると考えられていた。なかには、1日に700回もロバの乳を顔につける女性たちもいたらしい[24]。

また、パンをミルクで浸した美顔パックもさかんにおこなわれ、古代ギリシアやローマの女性たちは夜になるとこのパックを顔に乗せ、「時の流れによる肌の老化を防ごうとした[25]」。エリザベス朝時代［16世紀から17世紀初頭］には、化粧水やクリームの成分のうち、しわとりと肌のうるおいを保つためにロバの乳が用いられた[26]。

しかし、ミルクの魔法の力が及ぶ範囲は、人間の健康や美容にとどまらなかった。アルジェリアの反仏運動の指導者で、1832年から北部マスカラの首長を勤めたアブド・アルカーディルは、ラクダの乳を馬に飲ませているサハラ砂漠の住民について、次のように述べている。

（ラクダの乳には）スピードを与える特別な作用があるという。それがどの程度かというと、きわめて信憑性の高い証言によれば、十分な期間ラクダの乳だけを飲んで過ごし

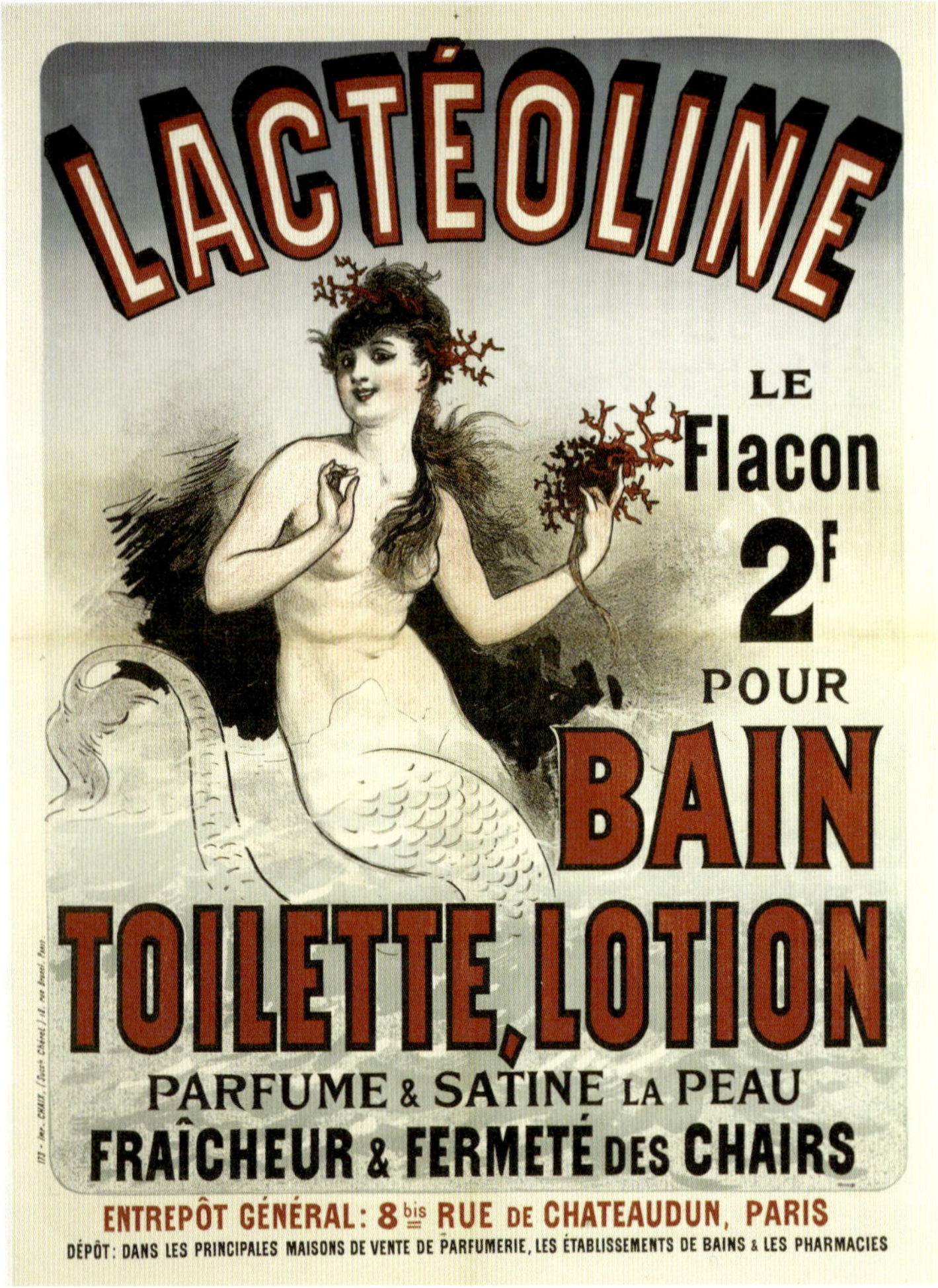

ミルクの美容効果を用いた化粧品の宣伝。「ラクテオリーヌ――入浴剤、オードトワレ、化粧水に」（1880年代）

た男は、足がおそろしく速くなり、馬と肩を並べて競えるほどになるらしい。(27)

こうしたミルクにまつわる栄光の数々を見ると、「純粋」で有益というミルクの評判が——それもほとんど取り返しがつかなくなるほど——色褪せる時代がやがて来ることに、信じられない思いを抱くにちがいない。

第3章 ◉ 白い毒薬

農村部にとって、ミルクは栄養をとるための食料であり、風味は二の次だった。しかし17世紀半ば以降の西洋社会や植民地では、より富裕な、都市部でのミルクの需要が高まっていった。ミルクの使用量の高まりが人口の急増のせいだったのか、あるいは良質な餌で飼った乳牛から味のいいミルクを産出する傾向が強まり、新たなミルク市場が開拓されたからなのか、そのあたりはまだわかっていない。

ただ、ひとつはっきりしているのは、ミルクの需要が高まったといっても、それは今日のような規模ではないということだ。都市部では、依然としてミルクはときどき少量買い求めるだけの品にすぎず、日常生活にとけこんだ食材ではなかった。おもな理由は、町中の酪農場が売るものであれ、近郊の酪農場から運んでくるものであれ、値段が高かったからである。

しかも、ミルクはまだ季節に左右される品で、冬場の産出量はいちじるしく低かった。

◉イギリスでの消費の高まり

17世紀のイングランドでは、ほとんどの富裕層が食卓にならぶプディングやデザートにアーモンドミルクではなく、ミルクを使うようになり、やがてミルクプディングは家庭の味として根づいた。(1) パンやでんぷん、米、オートミールにミルクを混ぜ、それに砂糖や香辛料を加えて焼いたり、ミルクに小麦粉と香辛料を加えてミルクポタージュにしたり、甘くしたミルクに凝固剤のレンネットを加えてジャンケットというデザートを作ったり（ルーズプディング）。また、香辛料をきかせた果実酒やワインにあたためたミルクを注いで表面を軽くかたまらせ、シラバブという飲み物にすることもあった。熱いミルクにワインやエールを混ぜ、それに香辛料や甘みを加えたミルク酒（ポセット）も人気があった。

生のミルクを飲むのは赤ん坊や老人、病人だけで、普通の大人は口にしなかったが、乳清（ホエイ）は朝の飲み物に最適と考えられており、ロンドンには数軒のホエイハウスがあった。そのうちの一軒「ザ・ニューエクスチェンジ」は、１６６０年代に好奇心旺盛な日記を書いたサミュエル・ピープスがひいきにした店である（もっともピープスはホエイやカード——凝乳のかたまり——を食べたら「腹がすごく痛くなった」と告白しているが(2)）。

「ティー・セット」ジャン=エティエンヌ・リオタール　1783年　油彩（キャンヴァス）

17世紀末に、新奇で、高価で、熱い飲み物――つまり紅茶、コーヒー、チョコレートにミルクを加える習慣ができた。それまで紅茶にミルクを入れる習慣はなかったが、高級な薄い陶磁器の出現にともない、熱で茶器が割れるのを防ぐため、ミルクを先に注ぐようになったのである。ミルクやクリーム、砂糖を加えると、コーヒーやチョコレートの苦味をやわらげるのにも役立った(3)。

一方、18世紀になると、土地の囲いこみ、農作物の不作、物価高騰などにより、貧困層の食生活が悪化した。1820年代にイギリス農村部を歴訪したウィリアム・コベット［雑誌『週刊政治録』を発刊したジャーナリストで社会改革論者］は、あたためた脱脂乳とパンが幼い子供たちの食事であり、パンやプディングを作るのにも脱脂乳を使っていると報告した。そして、「わたしはこの5年間、一日のうちのどの時間帯であろうと、ほとんど飲んだおぼえがない。なんの話かというと脱脂乳のことである」と述べた。(4)

1801年から1911年のあいだにイングランドとウェールズの人口は4倍に増加し、人々が農村部から都市部へ流れこんだため(最終的に人口の80パーセントが都市の住人となった)、ミルクは市場に流通する商品として扱われはじめ、やがて農業経済の一翼をになうまでに成長した。(5) 19世紀のほかの食料品とは異なり、ミルク全体の価格は下がらなかったので、ミルクを買える社会層はごく一部にかぎられていた。とりわけ、ノルマンディー沖のイギリス海峡に浮かぶチャネル諸島産の超高級品や、病人や乳児用の特製品がそうだった。

金さえかければ、ロンドンでも新鮮で衛生的な牛乳を手に入れることができたとはいえ、鮮度や衛生の基準は「あって当然」のものではなかった。たしかに、なかには牛をつれて街路をまわり、家々の戸口で乳をしぼる業者もいたし、夏にはセント・ジェームズ公園で8頭(冬場は4頭)の牛からしぼりたての牛乳を得ることもできた。公園の牛乳売りは内務大臣から営業許可をもらい、新鮮な牛乳を求める人の列には子供や乳母のほか、「おもに若くてかよわい女性たち」がならんだ(6)(この「ミルクフェア」は1885年に廃止されている)。

概して、19世紀の市街地で売られていた牛乳は「清潔」とはほど遠い液体だった。実際の

ロンドンのセント・ジェームズ公園で朝の8時から売りだされる牛乳。1859年。ミルク売りが飼い牛の乳をしぼり、朝の散歩中の子供と乳母に栄養満点の食品を提供している。

ところ、それはとんでもなく危険なしろもので、疾病率と死亡率の主因となり、19世紀後半には、とりわけ乳児に甚大な被害をもたらした(7)。

なぜそんなことになったのか？　牛乳の需要拡大にともない、都会には牛舎と牛乳販売業者が増え、このいたみやすい商品を多数の顧客に配達するネットワークができあがったのだが、不幸にも、公衆衛生の観点からいえば、これは悲劇的な発展だった。牛乳は、きたない小屋にぎゅうぎゅうにつめこまれた病気の牛からしぼられ、不潔な環境で輸送され、低温設備もないまま貯蔵されていたからだ。ある専門家が述べたように、こんな状況下で生産される牛乳がトラブルの原因になるのは必然的な結末だった。「赤ん坊の口と牛の乳首との距離が何百キロも離れていると、しばしば深刻な問題を引きおこす――なぜなら、赤ん坊の口に届くまでに牛乳は腐敗し続け、危険な物質になりはてるからだ(8)」

◉都会の牛乳販売の実態

アメリカでもイギリスでも、都市部で飼われている牛の実態について、ぞっとするような報告がなされている。たとえば、ロンドンの貴族階級が住む地域にすら牛乳販売業者がひしめいており、市の中心部ウェストミンスター区セント・ジェームズにも、1847年には14軒もの牛舎があった。ウェストミンスター下水道委員会のメンバーで公衆衛生の向上に尽力したフレデリック・ビングは、そのうちの2軒の牛舎についてこう記している。

(牛舎は)家のすぐ裏、1メートルも離れていない場所に上下にならんで建っている……なかにいるのは40頭、ひとつが2メートルほどの牛房に2頭の牛がつめこまれている。むき出しのタイルの天井に通気口はなく、囚われの動物たちの健康をそこなうアンモニアの蒸気が排気されることはない。牛の近くの片隅には、穀物を入れる大きな桶と、カブと干し草を入れておく場所があり、そのあいだに液肥を排出する容器が置かれ、牛糞が山となっている。[9]

牛は新鮮な空気もなければ運動もできない環境で飼われていただけでなく、餌も徹底的に安物だった。ロンドンなどのヨーロッパ諸都市で牛に食べさせていた餌は、ビール醸造業者から直接仕入れる穀物だった。要するに、ビール造りのために麦芽汁をしぼりとったあとの廃棄物である。10月から5月の醸造シーズン中は安く大量に手に入るうえ、地面に掘った穴に長期間貯蔵しておくこともできた。[10]

1820年代のニューヨークとブルックリン地域では、蒸留酒製造所内に牛舎を建てるケースが多かった。そうすれば、まだほかほかと湯気のたっている蒸留後の穀物残滓《ざんし》を木の樋に流して、牛の餌入れに直接送りこめたからである。牛は毎日120キロ程度の残滓を与えられた。[11] 1830年代には、ニューヨークとブルックリンにいる1万8000頭の牛はもっぱらビール醸造や蒸留酒製造の「かす」だけで飼育され、ひとつの酪農場に2000頭がひしめいていた。[12]

穀物の餌でミルクの産出量は増えたが、牛の消化器系は酸性度が高くて反芻《はんすう》する必要のない醗酵飼料は消化しない。その飼料があたたかい場合はなおさらそうである。都市部の牛の大半――あるいは全頭――がこうした餌で何か月間も飼われ続けていくうちに、牛はしだい

「がぶがぶ亡者用のスウィルミルク（残滓牛乳）」行政を批判して描かれた残滓牛乳と病気の牛のイラスト。ジョン・キャメロン作。ニューヨーク、1872年、リトグラフ。

に弱り、どんどん病気になっていった。牛の病気があまりにひどく、尾は腐ってちぎれ、皮膚は潰瘍性の壊疽《えそ》でぼろぼろだという報告があいついだ。[13]

こういった牛の出す乳は低品質なばかりか、ウィリアム・コベットが1821年に述べているように、食べている餌の味までついていた。「蒸留酒製造の残滓で飼われている牛の乳は、あきらかに〝ウイスキー〟の味がした[14]」

ビール醸造や蒸留酒製造後の残滓で牛を飼う方法が乳児の高死亡率につながっている、と最初に糾弾したのはアメリカの政治家ロバート・ミラム・ハートリーである。彼は1842年に

『ミルクについての歴史的・科学的・実際的考察 *An Historical, Scientific and Practical Essay on Milk*』という著作を出版し[15]、牛の健康を害する不自然な餌を与えた結果、牛が痩せ衰え、発熱し、病気になり、「不潔で、不健康で、栄養価のないミルク」しか産出できなくなったと非難した[16]。そして市販されている牛乳を「スロップミルク（汚水牛乳）」と呼び[17]、その「青みがかって水っぽく、まずい分泌物[18]」は低品質の原乳をさらに水で薄め、色をつけ、消毒のために薬剤を混ぜて販売したものだと述べた。ハートリーは、子供の病気、とくに下痢はこの有毒な牛乳に起因すると結論づけた。

◉不純物の添加とミルクの「調色」

乳製品販売網のあらゆる場所で——とくに小売店や市場の店で（なかでもミルクの産出量が減る晩夏の数か月間に）利益を上げるため、牛乳を12時間放置してからクリーム層を取り除き、その脱脂乳に水を加えて量をごまかした（業界用語で「散髪」とか「洗濯」といった[19]）。ごまかすために使う水はたいてい「鉄の尾を持つ牛（送水ポンプ）」から汲みあげたものだったので、よけいに汚水が混ざる可能性が増した。牛乳として売られている液体の4分の1程度はあとから加えられた水というのが通説だったが[20]、ロンドンのアーサー・ヒル・ハッサル医師が1851年から1854年にかけて市街の酪農場から無作為に26の牛乳を選ん

THE CITY MILK BUSINESS.

MARY, THE KITCHEN-MAID. "Why, John, what's the matter?"
MILKMAN. "Ah, Mary! if we don't have rain soon, I don't know what we'll do for Milk!"

日常茶飯事におこなわれる牛乳への不純物添加を風刺した絵。『フランク・レスリーの絵入り新聞』掲載（1859年）。

で調べたところ、11の検体は10パーセントから50パーセントの範囲で水増しされていた。ハッサル医師は「これよりも不純物が混ざっている食品はなきにひとしい」と述べた[21]。

ハートリーの『ミルクについての考察 *Essay On Milk*』が指摘しているように、牛乳を「らしく」見せるために加えられたものは水だけではなかった。小売店はミルクの色、味、ときには匂いをよくするための添加物も入れた。生乳に水を混ぜると薄まって青みがかってくるので、濃度を増すために小麦粉やでんぷんを、色を白くするためにチョークを、「クリーミー」な感じを出すためにアナットー［ベニノキの種からとれる赤色の着色料］を加えた。飲みごたえと甘さを増すためにゆでたニンジンの汁を入れることも多く、もっとひどい例では、泡立ちをよくするために動物の脳まで混ぜた[22]。

好古家のジョン・ティムズは著作『ロンドンの珍品 *Curiosities of London*』（１８５５年）のなかで、牛乳に添加される物質について次のように述べている。

牛乳に混ぜものを入れることは邪悪な行為だ。よく使われるのは水、小麦粉、でんぷん、チョークのほか、羊、雄牛、雌牛の脳である。脳が混ざっているのは顕微鏡検査で確かめられてきた。実際の直径が１インチ［２・54センチメートル］の５００分の１しかない神経管が見えるからである。脳は、あたたかいお湯のなかでこすって乳濁状の液を作ったあとに牛乳に混ぜたり、少し大きな塊のままロンドンクリームに加えたりする。この下品な詐欺行為はパリから伝授されたものだ。作家のトバイアス・スモレットの時代（1770年代初期）[23]、ロンドンの牛乳にはチョークや水のほか、泡立ちをよくするためにつぶしたカタツムリを加えたという。われわれの時代の牛乳売りは、糖蜜、塩、白亜［灰白色でやわらかい石灰岩の一種］、鉛糖《えんとう》［酢酸鉛ともいい、水溶液は甘味があるが有毒］、アナットー、陶砂などを加える。そのうち、鉛を炭酸化した鉛糖は非常に有害な物質で、この懸濁液を大量の水にちょっと加えると乳液状になる。また、疲れを知らないポンプ、すなわち「鉄の尾を持つ牛」は乳製品販売業には欠かせない道具だ。これを使って需要と供給の統計バランスを保つのである[24]。

牛乳への不純物添加を幾度も法律で規制しようとしたものの、この悪習はいっこうにやまず、1901年、牛乳には少なくとも3パーセントの乳脂肪分と8・5パーセントの無脂乳固形分［牛乳から水分と脂肪分を除いたもの］が含まれていなければならない、とする英国牛乳販売規制法が成立してようやく、不純物の添加は下火になった[25]。しかしながら、あの時代、規制法が成立したのは決して牛乳の品質と清浄度が問題視されたからではない——それはむしろ、消費者がだまされるのを防ぐためであり、病気になってもあたりまえの牛乳で消費者の健康がそこなわれることは二の次だった。

◉不潔で有毒な牛乳

これまで述べてきたように、都会の牛乳はきたない、胸の悪くなるような空気のなかで生産された。「新鮮な」牛乳には哀れな牛がいた場所の風味（すなわち酪農場の臭気と餌の味）がついているだけでなく、酪農場の塵やほこり、手桶や攪乳器などの器具類のよごれも混ざっていた。改革論者は都会の酪農場を清潔にすべきだと主張したが、なにも衛生的なミルクの生産を目標にしていたわけではない――むしろ議論は、そこかしこに存在するきたならしい酪農場をどうにかするために、営業ライセンス制度を導入して町をきれいにしよう、という方向へ流れていった。

地元の行政機関が衛生基準を定める動きは、1853年のロンドンからはじまった。しっかりした基準ができあがるには1880年代半ばまでかかったものの、牛舎の環境は少しずつ改善してゆき、やがて清潔な牛舎はあたりまえになった。とはいえ、ニューヨークの蒸留酒製造所に隣接した酪農場は、ハートリーが「スロップミルク（汚水牛乳）」の消滅を願ってから30年以上もたった1873年まで禁止されなかった。

一方、牛舎の環境を整えるには金がかかったため、都会の生産者の多くが廃業に追いこまれ、田舎の牛乳への依存度が一気に高まった。ところが田舎にはこうした衛生基準がなかったので、都会のミルクのほうが田園のミルクよりずっとまし、という皮肉な状況におちいってしまった。１９０６年、ある衛生局医務官がロンドンから5キロほど離れた郊外の牛舎を訪れたところ、吐き気をもよおすような光景にぶつかった。

案内された牛舎を見て、彼はぞっとした。床には少なくとも8センチから10センチの汚物が溜まり、壁という壁は牛糞にまみれている。もちろん牛の腹や乳首は無惨なありさまだ。そんな状況を前に、彼は目をそむけたい気持ちをこらえながら牛小屋の扉から動物の様子を眺めた[26]。

つまり、都会に出まわるすっぱくてきたない、ばい菌の入った牛乳は減るどころか、反対に増えていったのである[27]。

田舎の牛乳の鉄道輸送がはじまった。１８４４年にはイングランド北西部のマンチェスターに、１８４６年にはロンドンのあちこちにある「ミルク」専用のプラットフォームをそなえた駅――たとえばセントパンクラス駅沿いのソマーズ・タウン牛乳集積所《ミルクドック》など――に運ばれた。１８６０年代から１８７０年代にかけて、17ガロン［約80リットル］入り大型牛

北スタッフォードシャー線で列車輸送される牛乳。イングランド中西部の都市ユートクセターで（1925年）。

乳缶の輸送は右肩上がりに増加した。この形態にすれば、牛から駅まで簡単に運ぶことができたが、低温設備もなければ適切な保管もされなかったので（ほこりやごみが入り放題だった）、24時間という輸送は――暑い季節であればなおさら――病原菌が増殖するには十分な時間だった。

消費者のもとに届く前に、牛乳は町の酪農場に集められた。そこで味や匂いなどが検査され、巨大なタンクに注がれ（したがって何百何千という牛の乳が混ざることになる）、ごみやドロドロを取り除くために濾過され、業者はそれをいったん冷やしたあとに、消毒もしていない手桶に分け入れて、配達した。

1899年にセントパンクラス駅で検査した50の牛乳検体のうち、「異常なし」がたったの32パーセントだったことは驚くにあたらない。そのほかは、6パーセントに「汚染」、16パーセントに微生物過多、12パーセントに白血球過多（白血球の存在は牛が感染症にかかっていたことを示す）、24パーセントに膿《うみ》の痕跡、10パーセントに牛型結核菌（牛結核の原因菌で、牛乳を介して人にも感染する）が認められた。(28)

牛乳の腐敗を防ぐため、1870年代に保存用の化学物質が開発された。こうした物質はきわめて危険だった。なぜなら、たんに牛乳の劣化を遅らせるだけで、細菌そのものを死滅させることはできなかったからである。健康に直接害を及ぼす防腐剤もあった。たとえば、大規模酪農場でいちばんよく使われていた「キンバリー社の食品防腐剤」はホウ酸だった［ホウ酸には弱殺菌・防腐作用があり、多量に摂取すると中毒症状を起こし、場合によっては死にいたる］。つまり、消費者が「新鮮」だと思って買っている牛乳は、じつは何日も前の、有毒で細菌だらけの牛乳だったのだ。

1890年には防腐剤としてホルマリン［ホルムアルデヒドの水溶液。人体に有害］も使用されるようになり（それを隠すためにさらに別の薬剤も添加された）、しだいに消費者をあざむく「新鮮」に疑問の声があがりはじめたが、牛乳の毒性を追求する方向には進まなかった。(29) 1906年に出版された、シカゴ精肉業界の内幕を暴露したアプトン・シンクレアの小説『ジャングル』のなかに、「角の店で買った青みがかった牛乳」という一節があり、それは「水増しされ、ホルムアルデヒドで処理されていた」(30)。

まちがいなく牛乳はさまざまな点で「白い毒薬」だった。不潔な酪農場で弱った牛から産出され、薄められ、不純物を添加され、有害な防腐剤を仕込まれ、衛生も低温管理も無視した状態で輸送され、貯蔵されたもの。そして、お客のもとへ向かう牛乳の最後の旅について、トバイアス・スモレットが1771年に書いた文章ほどすばらしい（あるいはひどい）描写はあるまい。牛乳は、

> 蓋のない桶に入れられて街路を運ばれていきます。戸口や窓から投げ捨てられる汚水、通行人がとばす唾や鼻くそ、噛み煙草のかす、泥運びの荷車から落ちてくる泥、大型四輪馬車が巻きあげるはね、いたずら小僧がふざけて投げこむ土くれやごみくずなどが、いつ入るかしれたものではありません。赤ん坊のよだれや鼻水がたれたブリキの計量器は、次のお客が使えるよう、そのままの状態で牛乳のなかに投げもどされます。そして最後のきわめつきとして、この貴重な混合物を売る栄えあるミルクメイドがまとった、煮染めたようなぼろから落ちるシラミなどの虫が混ざるのです(31)。

こんなに清潔な格好は稀だった。ロンドンのシム乳業のミルクメイド。1864年。

牛乳をお客のところに配達するのは女性の仕事で、それはほとんど変わらずに続いた。1868年にアーサー・マンビー（彼は少々変わった働く女性の歴史を書き残した）が、ロンドンのハイドパーク・スクエアで仕事をするミルクメイドの様子を描いている。彼女は両肩に「ご主人」、つまり雇い主の名前の入った木製の天秤棒をかつぎ、それをきちんと固定させるための胴輪を胸に締め、両端からぶら下げた桶に牛乳（全部で約50リットル）を入れて運んだ。また、得意先のところに置いていく大小さまざまの牛乳缶も運んでいた。朝の6時、まだどの家の女中も姿を見せず、門も閉まっている時刻である。

（ミルクメイドは）街灯のところに牛乳桶を置くと、小さめの缶ひとつを手に、胴輪を締めて天秤棒をかついだままの格好で、通りを渡っていった。鉄鋲をつけたブーツの音が街路に響く……彼女は先端に鉤のついた太いひもの束を持ち歩いている。ポケットからそれを出すと、鉤に小さな缶をひっかけて、柵越しにひもをするするとほどき、屋敷内に缶をおろした。そして、ちょんと引いて鉤をはずし、缶だけ残してひもを引き揚げた。(32)

缶はその日の終わりに回収されて、酪農場にもどされた。それがすむとミルクメイドの一日の仕事が終わる。届けられた牛乳は客の家で、きちんと冷やされも保管もされず、さらに品質を劣化させていったのだった。

◉乳児の死亡原因となった牛乳

牛乳を飲むのが危険だったことはまちがいなく、牛乳が直接の原因ではない病気も多かったにせよ、牛乳はあぶないという烙印は消えなかった。19世紀を通じて、乳児の死亡原因の第1位は下痢だった。発生のピークが夏だったので「夏期下痢」とも呼ばれ、とりわけ1890年代には、(33)汚染された牛乳がロンドンの乳児死亡率の上昇に関係しているのではないかと考えられた。アメリカでも事態は同様だった。

これは当時の社会に大きな懸念を呼び起こした。1874年にニューヨークタイムズ紙は、「あらゆる大都市において健康というものは、日常的に消費する牛乳の品質と清潔度に少なからず左右されるということが、やがて一般常識になるだろう。乳児の場合、不潔な牛乳がもたらす危険性を過小評価してはならない」という記事を載せた。(34)そして1900年度のアメリカ国勢調査の統計結果が、この意見を裏付ける形となった。その年度のニューヨークの死亡率を見ると、死亡した健常者1000人のうち、189・4人が乳児だったのである。主要な死因が腸管疾患と下痢だったため、乳児の牛乳保育が原因のひとつと指摘された。(35)

「おちびさんには勝ち目のなさそうな闘い」インディアナポリス・ニュース紙の漫画。1910年頃。

しかしなぜ、とくに乳児が汚染された牛乳を摂取するようになったのだろう？　1840年から1920年にかけて西洋諸国では、母乳栄養ではなく、比較的安価な牛乳、乳児用調製粉乳、濃縮ミルクを用いた人工栄養へ移行する動きが高まっていたのである。

1840年代から母乳保育が減少したのは、『自然の完全食品――いかにしてミルクはアメリカの飲み物となったのか *Nature's Perfect Food: How Milk Became America's Drink*』（2002年）の作者によると、労働者階級の女性の場合は食糧不足によって母乳の出が悪いか、家事の負担を減らすためだった。中流と上流階級の女性の場合は、人工栄養で赤ん坊を育てることが社会的慣行だった。また、都市部に移った女性たちが、母親なら母乳で子供を育てるのが当然とする地方の伝統から解放されたことも影響した[36]。

◉母乳の代用品

19世紀半ばには、赤ん坊を牛乳で育てるのはあたりまえになっていた。しかし、その頃になると牛乳の化学組成に光があたりはじめ、牛乳は母乳と比べて脂肪分とタンパク質は多いが、糖分が少ないということがわかってきた[37]。そのため、赤ん坊の消化を助ける目的で、人工栄養をする母親は「乳糖」を作るよう助言された。

牛乳を水で薄めて乳糖を加えると、母乳と同じ成分になります……生まれたときから子供を哺乳瓶で育てる必要があるときは、まず乳糖を用意するとよいでしょう。作り方――1オンス〔約30グラム〕の乳糖を4分の3パイント〔約430ミリリットル〕の熱湯で溶かします。次に、同量の新鮮な牛乳と混ぜます。これをいつもと同じように哺乳瓶で赤ちゃんに飲ませます。哺乳瓶などの器具類は、完全に清潔であるよう注意してください。(38)

このようにして、汚染されているのが普通の都会の牛乳は、母乳の代用品としてどんどん使われていった。ほかにも缶入りの濃縮ミルクや乳児用調製粉乳といった、牛乳以外の「ミルク」の選択肢もあったが、いずれにしても乳児の健康を増進しないことに変わりはなかった。

すべての母親が生乳を買えたわけではなく（薄めた液体ですらそうだった）、多くの労働者階級の家族は1870年代から売られはじめた、もっと安い缶入り「濃縮」ミルクのほうへ走った。ゲイル・ボーデン（缶入りミルクの開発者）が携帯可能で無菌の缶入りミルクというアイデアを思いついたのは、1851年の大西洋横断旅行中に、船倉で飼われていた牛が病気になり、その汚染された牛乳を飲んだ子供たちが何人も死んだのを目のあたりにしたときだった。1856年、最初に却下されてから3年という時間を経て、ついにボーデンは缶入りミルク製造法の特許を取得した。気密性の真空釜に入れた生乳を低温で煮て、約65パーセントの水分を蒸発させるのである。できあがった濃縮ミルクを缶に入れれば、もはや劣化のおそれはないはずだった(39)。

ボーデンは何軒かの小さな加工場を開いたが、売り上げは伸び悩んだ。消費者は一般に出まわっている水増しされ、人工的に着色された牛乳にすっかり慣れていたからである。しかし、くじけることを知らないボーデンは財政支援を取りつけ、1858年に共同でニューヨーク・コンデンスミルク社を設立した。ボーデンにとって幸運だったのは、自社の濃縮《コンデンス》ミルクの宣伝を載せたのと同じ『レスリーの絵入り週刊新聞』の号に、「スロップミルク（汚水牛乳）」や「スウィルミルク（残滓牛乳）」、牛乳への不純物添加を非難する記事が掲載されたことで、これが彼らの衛生的（しかも安い）製品を買う顧客層の確保につながった。

そして1861年、南北戦争が勃発すると、アメリカ政府は軍隊の糧食用――おもに大量に消費するコーヒー用――に500ポンド［約230キログラム］のコンデンスミルクを注文した。戦争が激化するにつれ注文量は増加の一途をたどり、その要求にこたえるには、ほかの会社にも製造を許可するよりほかはなかった。戦後、競争相手との差別化をはかるために、ボーデンはアメリカの国鳥ハクトウワシ（ボールド・イーグル）を商標に定め、自社のミルクを「イーグル・ブランド」と呼んだ(40)。

やがて各地でミルクの濃縮がおこなわれるようになった。とくに、生乳だけでは売り切れないほどミルクが産出されるスイスとウィスコンシン州(41)でさかんだった。そうした濃縮ミルクのひとつが蔗糖《しょとう》（サトウキビの糖）で甘味を加えた加糖練乳で、大量の糖分（全体量の約45パーセント）によって細菌の繁殖がおさえられるだけでなく、脂肪分が増えて口あたりがよくなった。1880年代には、バター工場から出るさまざまな種類の脱脂乳を用い、全乳製の甘い濃縮ミルクが大量に売りだされた。

濃縮ミルクで赤ん坊を人工保育する利点を母親たちに納得させようと（濃縮ミルクは12倍の水で薄めるのが一般的な方法だった(42)）、強力な宣伝活動が展開された。その結果、1892年には、ロンドンで消費されるミルクのうち、濃縮ミルク類（甘いものも甘くないのも含め——甘くないものは無糖練乳［エバミルク］とも呼ばれた）が11・6パーセントを占めるまでになった。

ところが、1880年代後半から1890年代前半に、濃縮ミルク中心で育てられた乳幼児に深刻な健康問題があらわれてきたのである。ミルク自体は無菌だったものの、脱脂乳は脂肪分、タンパク質、ビタミンA、C、Dの含有量が低く、しかも乳児が必要とするカロリーも十分ではなかった。こうしたミルクを飲んで育つ赤ん坊はくる病［ビタミンD不足］

まるまると太った健康な赤ちゃんの絵が、イーグル・ブランドの濃縮ミルクの宣伝に使われた。1883年。

や壊血病［ビタミンC不足］（後者は事実ではなかった）になりやすいとか、ほかにも低栄養が原因の病気にかかりやすいといわれた。また、大量の糖分を含む甘い濃縮ミルクはしばしば乳児に鼓腸を引きおこし、ヘルニアの発症につながった。

アメリカとイギリスで濃縮ミルクの使用――つまり誤使用――に対する不安が噴出した。1894年、ロンドンで開かれた食品不純物添加特別委員会が事実関係について検討した直後、この種のミルクには「乳幼児の保育には不適」という表示を義務づけることが決まった。[43] しかし、メーカー側は缶に警告を表示しながらも製造を続け、1924年のボーデン社が発行するニュースレター『栄養と健康』には、イーグル・ブランドの濃縮ミルクを稀釈して、生乳のかわりに学校の休み時間に飲むミルクの作り方が掲載された。[44]

濃縮ミルクは乳児に必要な栄養素が不足しているだけでなく、使いさしの缶の甘さにひかれて蝿がたかることから、しょっちゅう病気（おもに下痢）の原因となった。

薄めて使うミルクの競合製品だったのは乳児用調製粉乳である。ミルク成分が含まれていて水で稀釈するものと、牛乳で稀釈するものと2種類があった。19世紀には低脂肪乳の購買層が存在しなかったため、脱脂乳が大量にあまっていた。脱脂乳の業者はそこに目をつけた。ひょっとしたら缶入り濃縮ミルクに対抗できて、包装費も安くおさえられ、もっと長く保存できる製品が作れるんじゃないか？　その答えは、そう――乾燥させて牛乳の粉末にすればいい。

やがて、粉ミルクといえば乳児用調製粉乳のことをさすようになった。１８６７年、ふたつのメーカーが調製粉乳の開発でしのぎを削った。ひとつは、「リービッヒの乳児用溶解フード」。これは粉乳を薄めた牛乳で溶かす方式で、母乳と「完全に」一致すると主張した。もうひとつは、アンリ・ネスレが開発した乾燥ミルクと麦芽を主原料とする「ネスレのミルクフード」（当初は「ネスレの小麦粉ミルク」という商品名だった）。こちらは水を加えるだけでよかった。母乳を受けつけない未熟児の命をネスレのミルクがゆが救ったのを機に、リービッヒよりもネスレの製品の売り上げが伸びていった。

やがて次から次へと新しい調製粉乳が登場し、母親だけでなく医師たちも納得させようと、女性誌で猛烈な宣伝合戦が繰り広げられた。１９０８年、イギリスで新製品の「カウ・アンド・ゲイトの純国産粉ミルク」が発売された。「おかあさん、おたくの赤ちゃんは元気に育っていますか?」「赤ちゃんはこれが大好き!」という宣伝は全国に浸透し、１９１４年に第一次世界大戦が勃発する頃には誰もが知っているまでになった(45)。調製粉乳は世界中、とりわけ経済発展の遅れた国々にも輸出されていった。

しかし、粉ミルクの使用が増えたからといって、乳児の死亡率が激減したわけではない。社会の貧しい階層が頼るのはおもに濃縮ミルクと調製粉乳だったから、製品を溶くのに使う

牛乳と小麦粉と砂糖を原料とした〝子供のための完全食品〟。「ネスレの小麦粉ミルク」の宣伝。1895年頃。

のはもっぱら不衛生な水（あるいは牛乳）だったし、節約のために指示された量よりも薄めに作るのがつねだった。どのような形態であれ、赤ん坊を育てるのに牛乳のほうが母乳よりもよいという証拠はなかった。調製粉乳に対する反感はいやがうえにも高まっていった。

1939年、シンガポールでシスリー・ウィリアムズ医師がロータリークラブに対して「ミルクと殺人」と題した講演をおこない、母乳のかわりに不適切な代用品を使って人工栄養する危険性を概説した。それは彼女自身がシンガポールで経験した事実に基づいたものだった。

もしもあなたがたがわたしと同じように、来る日も来る日も、無辜《むこ》の子供たちが不適切な人工栄養によって皆殺しにされていくのを目にして苦しんだなら、あなたがたもわたしと同じように、乳児保育の誤った宣伝はもっとも犯罪的な煽動行為として罰せられるべきだと、そして子供たちの死は殺人として扱われるべきだと考えるにちがいありません(46)。

そう、これほど「白い毒薬」の烙印を押されたミルクでありながら、どうやって問題を解決し、この液体を20世紀半ばまでに西洋諸国が誇る飲み物にしていったのだろう？　ミルクは変わらねばならなかった——衛生的な産出方法、加熱処理、栄養科学、そして徹底的におとしめられたミルクに対する魔法のような販売戦略によって。

第4章◉「ミルク問題」を解決する

1860年代には、医療関係者と改革論者は、乳児死亡率の上昇と非衛生的な都会のミルクの関係を解決する方法を模索していた。この課題は一般に「ミルク問題」と呼ばれ、その答え、つまり解決策は衛生的なミルクを供給することだが、それをどうやって実現するかとなると一筋縄ではいかなかった。

◉「ミルク問題」の定義と解決法

牛乳の困ったところは、なかなか手に入らず（とくに冬期）、なかなか買えない（とくに低所得層）という点だった。たとえ買えたにせよ、それは裕福な家庭の話であって、しかも牛乳のほうはすでにすっぱくなっている公算が高く、不純物が添加されているか、長い時間をかけて牛から消費者のもとへ届くまでに細菌だらけに、とくに牛型結核菌が増殖しているおそれがあった[1]。

ところが公衆衛生当局は、牛乳は子供に適した食品であると奨励し、その対象範囲を大人にも広げていった。なぜなら新しい栄養科学が、牛乳は必要な栄養成分をいちばん安い値段で、いちばんたくさん摂取できる食品であり、とりわけ健康な骨の成長に欠かせないカルシウムとリンの含有量が多い、としたからである。アメリカの医療専門家M・J・ローズナウ博士が1912年に述べたように、「つまりミルク問題は決しておろそかに扱ってはならない最重要の課題であり、われわれは細心の注意をはらって考えていく必要がある[2]」

アメリカの牛乳改革論者たちは2種類の解決法にたどりついた。それぞれ生産の両極に焦点をあてた方法である。前者は、衛生的に牛乳を産出するというもの（予防型）。後者は、生乳内の病原菌を死滅させるというもの（対応型）。しかしローズナウ博士の理想的な解決法とは、両者をあわせたものだった。「牛乳を清潔に保つには、検査が欠かせない。牛乳を安全に提供するには、低温殺菌が欠かせない……したがって、管理監督と低温殺菌の両方を実施された牛乳を提供することこそ、この問題をきちんと解決する唯一の方法だ[3]」。しかし行政は動かず、アメリカでは1890年代から1910年代まで、衛生的な乳製品の「認証」と「低温殺菌」の並立が続いた。

「聖母子とミルクがゆ」ヘラルト・ダヴィット　1515年頃　油彩（板）

◉細菌の知識

問題の核心は牛乳中に存在する細菌だった。牛乳から人間に伝染性の病気やウイルスがうつる可能性があることはまだ正しく認識されていなかったが、1857年、イングランド北部の都市ペンリスの衛生医務官マイケル・テイラー医師が、ある腸チフス患者が扱った牛乳が原因で地元に腸チフスが流行したことを報告した。テイラー医師は1867年にも、猩紅熱《しょうこうねつ》の流行を調べて、猩紅熱の子供がいる牛飼いが発生源だったことをつきとめた。(4)

1860年代初頭のルイ・パスツールの研究によって、特定の微生物が特定の病気の原因になることがあきらかになると、牛乳を介して病気がうつるという認識が広がり、とくに結核、腸チフス、猩紅熱、ジフテリア、敗血症性咽頭炎《はいけつしょうせいいんとうえん》が問題視された。(5)

今になってみれば、ほんとうに当時の乳児の死亡に牛乳が大きくかかわっていたのかどうかはわからないが、公衆衛生当局は牛乳を主犯格のひとつに位置づけていた。たしかに牛乳は病気の媒体としては完璧に思われた。ローズナウ博士によれば、「細菌は牛乳を好む。乳児と同じくらい好む。牛乳は病原菌の成長と増殖にうってつけの食品だ。病原菌は牛乳中でおそるべき速さで増え続けるため、ときとして危険はなみはずれたものとなる(6)」

牛乳生産の「不潔」対「清潔」。フィラデルフィア牛乳品評会の教育用プラカード（1911年）

◉生産管理による予防

アメリカ北東部、ニュージャージー州の小児科医ヘンリー・L・コイトは、どうすれば患者に衛生的なミルクを確保できるかについて、考えをめぐらすようになっていた。というのも、ずっと息子のための牛乳を注文していた酪農業者が、3人のジフテリア患者と接触していたことがわかったからである。事態を憂慮したコイトは人々に先駆けて「認証」運動をはじめ、酪農場の検査をおこなって、業者が乳児や体の弱い人に適した清潔な生乳を生産しているかどうかたしかめるよう求めた。

コイトは検査基準の筆頭に牛をあげ、牛は良好な健康状態を保ち、なおかつ牛結核に罹患《りかん》していてはならないと主張した。牛乳を介して伝染する病気のうち、結核は人間の健康にとって最大の脅威となるものだった。牛結核は牛の感染性疾患である。イギリスの王立結核委員会は（ほかの国々にも同様の委員会があった）、1907年から1914年にかけて検討を重ね、牛型結核菌が牛乳を介して人間に感染することをはっきりと立証した。さらにアメリカのさまざまな研究でも、人間の全結核のうち、5～7パーセントは牛型結核菌が原因と考えてよいことが示された。

この結核菌は、乳房から出る乳だけでなく牛が咳をしてとばす飛沫や糞便中にも含まれ、乳の貯蔵中など、どんな経路でも牛乳に混入した。一般的に、１９０６年から１９１０年のあいだ、アメリカ全土の都会で販売されている牛乳の８・３パーセントに結核菌が認められた[7]――これは戦慄すべき広がりだった。

当時の新進分野の微生物学が開発したツベルクリン検査が、牛の結核の有無を調べるのに使われた。手順は次のようなものである。まず、一定量のツベルクリン液を牛に注射し（健康な牛には無害だが、結核に感染している牛であれば反応を起こす）、約10時間おきに何回か検温をおこなう。体温が上昇するか、注射部位が腫れているか、あるいはその両方が認められた牛を検査陽性とみなして、乳をしぼる牛の群れから除く。また、疑わしい例は、６週

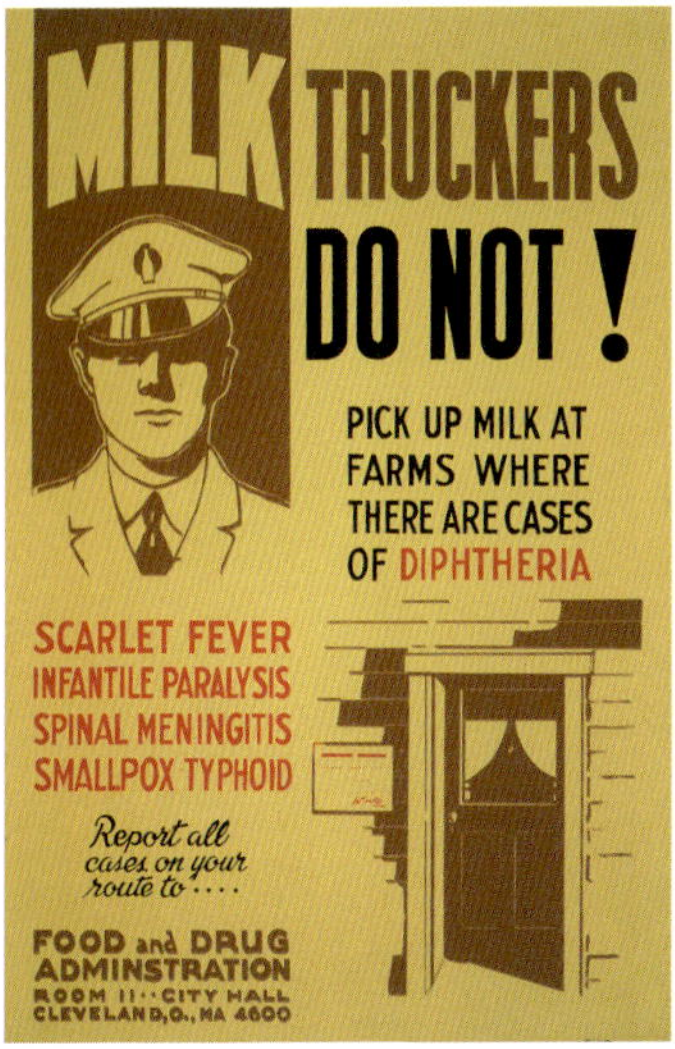

牛乳輸送のトラック・ドライバーに告ぐ
禁止！
以下の病気が発生している農場の牛乳は集荷しないこと：ジフテリア／猩紅熱／ポリオ／脊髄膜炎／天然痘／腸チフス

市販牛乳に細菌が混入するおそれのある伝染性疾患を食品医薬品局に報告するよう、トラック・ドライバーを啓発するポスター。1930年代後半、オハイオ州。これは世界大恐慌時に美術家を救済する政策の一環として、事業促進局（WPA）が推進した連邦美術計画に基づいて製作されたもの。

間後に初回量の2倍のツベルクリン液を投与して再検査を実施する。

これによって結核の予防が一歩前進したが、その一方、結核菌マイナスの牛乳が出まわることで、とくに子供の場合、結核菌プラスの牛乳を飲むことによって自然に獲得してきた免疫力が失われるのではないか、という議論も起きた。

牛の健康状態に加え、コイトは搾乳方法、飼育方法、牛乳の貯蔵方法についても、いっさい省略せずに清潔と衛生の基準に照らして検査するよう要求した。産出されたあとの牛乳に対し、定期的な化学分析（不純物添加を防ぐため）と細菌数の算定をおこなうことも必須項目だった。

細菌との戦いのもうひとつの武器が、この細菌数の算定だった。牛乳1立法センチメートル（ｃｃ／1ミリリットルに相当）中に細菌がどれだけいるかを数えるのである。これが搾乳時の清潔度、酪農場の状態、牛乳の貯蔵温度、牛乳の古さを知る鍵となった。当時、牛乳の一般的な品質を調べるには、この検査がいちばん簡単で安かった。しかし検査は研究室でおこなわれたから、検査するときには搾乳からいっそう時間がたっているうえ、検体中に存在する大量の細菌がどの時点で混入したのかを突きとめるのはむずかしかった。

コイトは〝1ｃｃ中に1万個〟の細菌を「認証」牛乳の基準に定めた。こんなにいていいのかと思うかもしれないが、このなかには「善玉」、つまり自然に発生する菌も含まれて

「サッチャーのミルク・プロテクター」で保護した牛乳瓶――蓋をして不純物添加と細菌混入を防ぐのが目的。

いた。牛乳は農場で直接、新しいガラス製牛乳瓶につめることが求められた。この牛乳瓶は1884年にニューヨークのハーヴィー・D・サッチャー博士が開発したものである。針金で陶製の蓋を閉めることができ、細菌の混入や不純物の添加を防げる仕組みになっていた。

熱心に運動を展開した結果、コイトはとうとうニュージャージー州医学牛乳委員会の設立にこぎつけ、1894年に初めて瓶入りの公式「認証牛乳」がここから送り出された。各都市の改革論者たちが、自主的な規約を定めるのであれ、行政の規制や制定を得るのであれ、こぞって認証制度を推進しはじめた。1906年に運動は頂点に達し、アメリカ全土で36の牛乳委員会が数百軒の酪農場を監督し、牛乳の細菌数を算定するようになった。しかし、こうした牛乳は人件費がかさむので、普通より2倍から4倍も高く、ほとんどのアメリカ人には手の届かない品物だった。ピーク時であっても、主要都市で売られている認証牛乳は全体の0・5～1パーセントしかなく[8]、しかもそれで絶対安全という保証があるわけではなかった。

そのほかの牛乳の規格として、「検査済み」というのがあった。こちらは細菌数を1cc中に5万～10万個に設定したもので（州によって異なった）、かならずではないにしろ「結核菌なし」を保証していた。「認証」牛乳よりもやや安かったが、やはり完全に清潔といいきるのは無理だった。

だが、低温殺菌推進派は加熱処理によって結核菌も、ひそみ隠れている病原菌も死滅させることができるとして、彼らの牛乳の安全を保証した。低温殺菌は細菌を水際で防ぐというより、むしろ生乳を浄化することに焦点をあてていた。

◉低温殺菌（パスチャライゼーション）

牛乳が病気の媒介物質とされたのを受け、ドイツの化学者フランツ・リッター・フォン・ソックスレート［ソックスレーと表記されることも多い］は１８８６年、ルイ・パスツールが考案したビールやワインを熱処理する「低温殺菌」法を応用し、牛乳を所定の温度で加熱して病原菌を除去する方法を開発した。彼の方法はすぐに展開され、初の体系的な加熱処理法「低温保持殺菌」が生みだされた。牛乳を大容量の容器に入れ、63℃で30分間加熱するのである。だが、これだと処理できる牛乳量が少ない。そこで、次に登場した「高温短時間殺菌（HTST: High Temperature Short Time）」が乳業界の主流となった。これは牛乳を連続して流しながら72℃で15秒間すばやく加熱し、ただちに冷却するという方式である。このやり方なら産業規模でおこなうことが可能だった。

１８９２年、慈善事業に力を入れるニューヨークの実業家ネイサン・シュトラウスは市内に低温殺菌牛乳研究所を設立し、１８９３年6月に「ミルク・ステーション」を開いて、

アメリカの最新式酪農場の牛乳低温殺菌装置（1910年頃）

赤ん坊の夏期下痢を防ぐため、市内の貧しい母親たちに牛乳の配給をおこなった。そして翌年には市内に新しく3か所の配給所を開いた。

シュトラウスは、低温殺菌法（パスチャライゼーション）はあらゆる病原菌を殺すが、牛乳の風味や栄養価をそこなうことはなく、そこが滅菌法（ステラリゼーション）[9]——低温殺菌の前に出現した方法——とちがうところだ、と力説した。滅菌法は牛乳を沸騰させるか、3段階の異なる時間で熱処理する方法だったが、風味が落ち、含有ビタミンもかなり破壊されるうえ、牛乳の消化がよくなるわけでもなかった。滅菌工程に時間がかかり、複雑でもあったので、1890年代後

「ベルヴィルの〝ミルクのしずく〟医院」三部作のうち「ヴァリオ外科医院での診察」ジャン・ジョフロワ　1901年　油彩（キャンヴァス）

半にはアメリカでは下火になった。

こうしてシュトラウスは低温殺菌推進の旗手となり、1916年までに彼のミルク・ステーションは4300万本の低温殺菌牛乳を配給、それにかかった費用は年間10万ドル以上にものぼった[10]。シュトラウスは「認証」牛乳も含め、すべての牛乳に低温殺菌を義務づけるよう求めた。それは費用対効果の点だけでなく（牛乳を「認証」するのにはとてつもなく金がかかった）、実際面からいっても低温殺菌は、あらゆる牛乳を短時間で安全に飲めるようにする技術に思われたからだった。

女性地方連盟や医学会などの諸団体も彼と歩調をあわせ、ニューヨークで市販される牛乳を低温殺菌する必要性を訴えた。ほかの国々もこの先駆的な事業を自国に取り入れ、貧困層に熱処理した牛乳を配給するようになった。フランスの「ミルクのしずく」などがその好例である［20世紀初頭にベルヴィルの慈善診療所がおこなった活動。その様子を画家ジョフロワがシリーズで描いた］。

だが、低温殺菌に対する懸念もあった。多くの医師や社会改革者たちは、低温殺菌によって牛乳の栄養成分が破壊される、少なくとも減少はすると考えており、また「不潔」なものまで「清潔」な牛乳に姿を変え、生産現場で衛生的な牛乳を産出する努力をしなくなるのではないか、とおそれた。また、熱処理すると牛乳を「失活」させる――すなわち牛乳が持つ

大規模酪農場で熱滅菌のために滅菌器に入れられる牛乳瓶。ニューヨーク州、1910年頃。

「命」を殺してしまうと主張する人々もいた。[11]

これらふたつの運動（認証制度と低温殺菌）は、１８９０年代から１９１０年代まで比較的おだやかに共存し、どちらもきれいな牛乳を実現する方法として支持された。しかし最終的に、処理しない生乳を強く支持する声をおさえて、「認証牛乳」以外の牛乳に低温殺菌を義務づける法律が、１９４０年代までにアメリカのほとんどの州と自治体で制定された。おもな理由は、牛乳を介して人間に牛結核が流行するおそれと、産業規模で低温殺菌（ＨＴＳＴ法）できる技術が確立したからだった。シカゴが１９０８年に先陣を切り、さほどの間をおかず

1912年1月にニューヨーク市がそれに続いた。当時、この大都会は7つの州の4万4000軒の酪農場から約200万リットルの牛乳を仕入れていた。(12)

◉イギリスと「ミルク問題」

こうした状況に対してイギリスの動きはあきらかに鈍く、実際のところ、1912年にイギリスのどこで生産された牛乳であれ、ニューヨークでは人間の飲用には不適として追放されただろう。(13) まったくイギリスは、フランス、ドイツ、デンマークなど他のヨーロッパ諸国にもおくれを取っており、第一次世界大戦が終わって1920年代になるまで、イギリス国民のほとんどは危険きわまりない生乳を飲み続けていたのである。(14)

この問題が放置されていたのは社会改革者たちが怠慢だったからではない。1915年にウィルフレッド・バックリーが設立した全国クリーンミルク協会などの諸団体は、たんに安いだけでなく、栄養価に富み、病気にもならない牛乳を要求した。

イギリスの母親たちには……きれいな牛乳を自分の子供に飲ませる権利がある。政府はそのための対策を講じなければならない。国民に適切な住居を提供するのと同じように、子供が口にする食品を適切に生産し管理すること――すなわち牛乳は衛生的であらねばならないのだ[15]。

しかし低温殺菌に疑問を持つ人々の活動とは別に、ある牛乳史家は、イギリス政府が低温殺菌になかなか踏みきらなかったのは、ひとつには強力な酪農集団の強い反対があったからだときびしく非難している。彼らは、強制的な低温殺菌には費用がかかるということに加え、「無知なうえに、ときにさしでがましい」都会の連中が自分たちの仕事に口出しするのを不快に思っていた――「農業について、とりわけ牛についてなど、都会の人間はおそらくなにもわかっていないくせに[16]」

酪農家たちの政治的ロビー活動と第一次世界大戦のために、牛乳の安全性にかかわる規制案はほとんど取りあげられず、1922年にようやくミルク（特別指定）令が、翌1923年にその改正令が施行された。だが、この法律は強制的な低温殺菌を定めたわけではなく、生産者が自発的に牛乳の等級を申告するシステムを導入しただけだった。その区別は、牛がツベルクリン検査陰性で、その牛乳を農場で瓶詰め・密封したもの（認証級）、牛がツベルクリン陰性のもの（A級）、牛がツベルクリン検査陰性で、その牛乳を密封した（ツベルクリン検査した）大型缶で輸送したもの（A〈TT〉級）、牛乳を低温殺菌したもの（低温殺菌級）。いずれも普通の生乳より高い価格になるうえ、この申告システムは非常にわかりづらかった。
ユナイテッド・デイリーズをはじめ、大手酪農業者の多くは、社会に安心感を与えて自社製品の売り上げを伸ばす鍵になるとして、低温殺菌する道を選んだ。しかし、無数の小規模生産者たちは低温殺菌や認証などは頭から無視してかかり、しかも卸業者はさまざまな農場から来た牛乳をひとつに混ぜるため、ちょっとでも病原菌が入っているものがあれば全体が汚染されるのは避けられなかった。牛乳由来の感染症、とくに牛結核の脅威は社会からなくならず、１９３０年代になっても全国で約２０００人の乳児が結核感染によって死亡した。[17]
人民保健連盟（ＰＬＨ）などの社会改革団体が一丸となって迫った結果、政府はようやく重い腰を上げて牛乳の低温殺菌義務化を検討しはじめた。ＰＬＨがなによりも懸念したのは、公立小学校での牛乳無償配給計画が進められていたことで、このままだったら子供たちが結核など牛乳由来の疾患の危険にさらされるおそれがあった。[18]
医療専門家たちも牛乳の低温殺菌義務化運動を後押しした。彼らは研究をとおして、低温殺菌によって牛乳の栄養価が失われるという主張に反論し、加熱してもビタミン類は破壊されずに残ることを示した（ビタミンＣは別だが、もともと生乳にはほとんど含まれていないので問題にならないとした）。それでも、こうした活動が実るには、第二次世界大戦後まで待たなければならなかったのである。国民の健康が最優先事項となり、酪農家にも牛乳の余剰がでるようになった1949年5月、ミルク（特別指定）法がついに低温殺菌を義務づけ、これをあらゆるミルクの標準的処理法とした。アメリカが1912年に50パーセントの牛乳を、1930年代には95パーセントの牛乳を低温殺菌していたことに比べると、食品の安全に対するイギリスの対応は、まさに手ぬるいとしかいいようがなかった(19)。

さて、こうしてきれいな牛乳の供給が保証されたので、イギリス政府が牛乳を福祉政策の柱のひとつにする時期がやってきた。栄養学が示すとおり、牛乳はもっとも安く手に入る栄養食品なのだ。政府の目的は、乳幼児、子供、大人の消費量を増大させ、牛乳を飲んで健康になる新世代を生みだすことだった。子供たちに牛乳を飲む習慣を身につけさせるいちばん確実な方法は、おそらく学校での牛乳無償配給を拡大していくこと——それは「福祉牛乳」（貧困家庭の乳児に配給した牛乳）から導きだされる必然的な結論だった。

◉学校牛乳

イギリスでは、牛乳は1920年代からある程度小学校に配給されてきた。簡単に入手できる牛乳が「栄養豊富でバランスがとれており、貧困層だけでなく、あらゆる子供の成長の助けとなる食品」と考えられたからである（ただし、たいていは加温してから飲ませていた(20)）。

小学校でホットミルクを飲む子供たち。ロンドン中心部のランベスで、1929年。

1926年、医学研究審議会のハロルド・コリー・マンが、養護施設の少年たちに「適切な」食事のほかに牛乳を飲ませたところ、身長と体重の増加があったと報告した。それに続く1928年、スコットランド北東部アバディーンのローワット研究所に所属するジョン・ボイド・オアが、医学雑誌『ランセット』に、年齢5歳から14歳の子供1400人を対象に調査した結果、牛乳によって身長と体重が20パーセント増加し、全体的な健康状態にも改善が認められたという論文を発表した(21)。

とはいえ、学校で牛乳を配給するというアイデアを最初に打ちだしたのは、政府ではない。立案者は、新興の全英牛乳広報評議会（ＮＭＰＣ）――ジェントルマンたちからなる組織で、酪農業者と牛乳製造加工業者が資金提供し、牛乳のイメージ向上と擁護のために設立された団体である。彼らは１９２７年に最初の学校牛乳支給計画（ＭＩＳＳ）を立て、標準小売価格の１ペニーで３分の１パイント［約２００ミリリットル］の牛乳を全児童に無償配給することにした。１９３４年には、イングランドとウェールズの１００万人以上の子供がこの計画にしたがって牛乳を飲み、その消費量は年間９００万ガロン［約４０００万リットル］に達した。[22]

やがて乳製品業界に潜在的危機が訪れた。外国から安いバターやチーズが輸入されるようになって、国内の牛乳がだぶつきはじめたのである。そこで新たに設立された政府機関、イングランドおよびウェールズの牛乳販売委員会（ＭＭＢ）[23]がＭＩＳＳの管理を引き継ぎ、公的な学校牛乳支給制度を作った（牛乳の販売拡大が目的だった）。

この行政版ＭＩＳＳの出だしは全面的な成功とはいえなかった――親は3分の1パイントに半ペニーを払わなければならず（残りの半ペニーは政府が負担した）、１９３８年には公立小学校の児童の55・6パーセントしか計画に参加していなかった。[24]おそらく、負担金の問題、親の考え方のちがい、子供の牛乳の好き嫌いが関係していたのだろう。

しばらくのあいだ牛乳計画は不平等のまま進んでいったが、新たに創設された食糧省が第二次世界大戦中の１９４０年に計画を担当し、確実に学校へ牛乳が配給されるようにした。

1960年になると、計画の担当部署はMMBに戻り、イングランドとウェールズの児童の82パーセントが無償の牛乳を飲んだ。学校別でみると、小学校では93・4パーセント、中学校では66・2パーセントだった[25]。

学校への牛乳支給とならんで、MMBは大人への牛乳販売促進にも力を入れた。栄養科学と政府資金を後ろ盾にしつつ、社会へのキャンペーンをとおして牛乳のイメージを一新させ、牛乳は不可欠で魅力ある飲食物だと納得してもらわなければならなかったのだ。牛乳の消費拡大には国民の健康がかかっていた――1936年にグラスゴーで最初のミルクバーが開店したとき、スコットランド牛乳販売委員会の委員長は次のように述べた。

戦争と平和の問題が終わったあと、国家にとっての最優先事項は……国民の栄養状態をよくすることでした。そしてこれまでの調査や研究によって、国家の広報活動の筆頭に乳飲料の消費拡大を位置づけることが最善の策であるとわかったのです[26]。

しかし、19世紀から連綿と続いてきた牛乳への偏見をくつがえすのは至難のわざだった。

◉広告による「意識改革」

1860年代に牛乳が赤ん坊と虚弱体質者向けの食品と考えられていたことは、有名な家政書を著したビートン夫人の見解をみるとよくわかる。

この淡泊で鎮静作用のある食品は、一般に痩せて神経質な人たちにうってつけです。とくに精神の変調にとても苦しんでいたり、熱い紅茶やコーヒーを飲みすぎて胃が弱ったりしている場合に効くでしょう(27)。

20世紀になっても牛乳に対しては、こういった味気ない、旧弊な考え方が幅をきかせていた。栄養学的な調査でも、牛乳を飲むのは子供や虚弱な人々、老人だけで、大人は熱い飲み物に入れるか、あとはミルクプディングにするかだった(28)。

政府機関の牛乳販売委員会(MMB)が舵をにぎる前は、民間の全英牛乳広報評議会(NMPC)が1922年から牛乳の広報活動をおこなっていた。彼らの「もっと牛乳を飲もう」という標語ができたのは1924年のことである。宣伝のターゲットは子供にとどまらず、若い女性も1日にコップ1杯の牛乳を飲めば美容と健康によい、工場労働者も休み時間に牛乳を飲めば元気がわいてがんばれる、と広い層に訴えた[29]。

こうしたキャンペーンは1930年代半ばから後半に実をむすび、ロンドンでミルクバーが大流行する一因となった。いちばん有名なのが、オーストラリア人が展開した「ブラック・アンド・ホワイト・ミルクバー」のチェーン店である。外国からやって来た、多少アメリカを皮肉っているような店名がクロムメッキやフォーマイカ［合成樹脂の一種］の看板に輝き、牛乳のほか、ミルクシェイク、ミルクカクテル（「ブートレッガーズ・パンチ（密造酒屋のパンチ）」「ゴッデス・ドリーム（女神の夢）」「ブラックベリー・カクテル」などの名前がついていた[30]）、アイスクリーム飲料などを売った。気軽に立ち寄れる飲食店、ちょっと一服できる場所をめざしていたのはたしかだが、健康と節酒も目的のひとつだった。

第二次世界大戦でミルクバーの勢いもそがれたにしろ、牛乳はティーンエイジャーや大人が酒のかわりに胸をはって楽しめる飲み物という認識が定着し、牛乳の地位向上におおいに役立った。ミルクバーは牛乳に新鮮で好意的なイメージを与え、「以前であれば子供みたいなものを飲むやつと思われるんじゃないか、とためらっていた大人を勇気づける」働きをした[31]。

牛乳の販売促進計画は、1933年に政府系のMMBが民間のNMPCから広告と販売活動の大半を肩代わりしたことで、一気に進んだ。それでも、ふたつの組織の活動が最大の

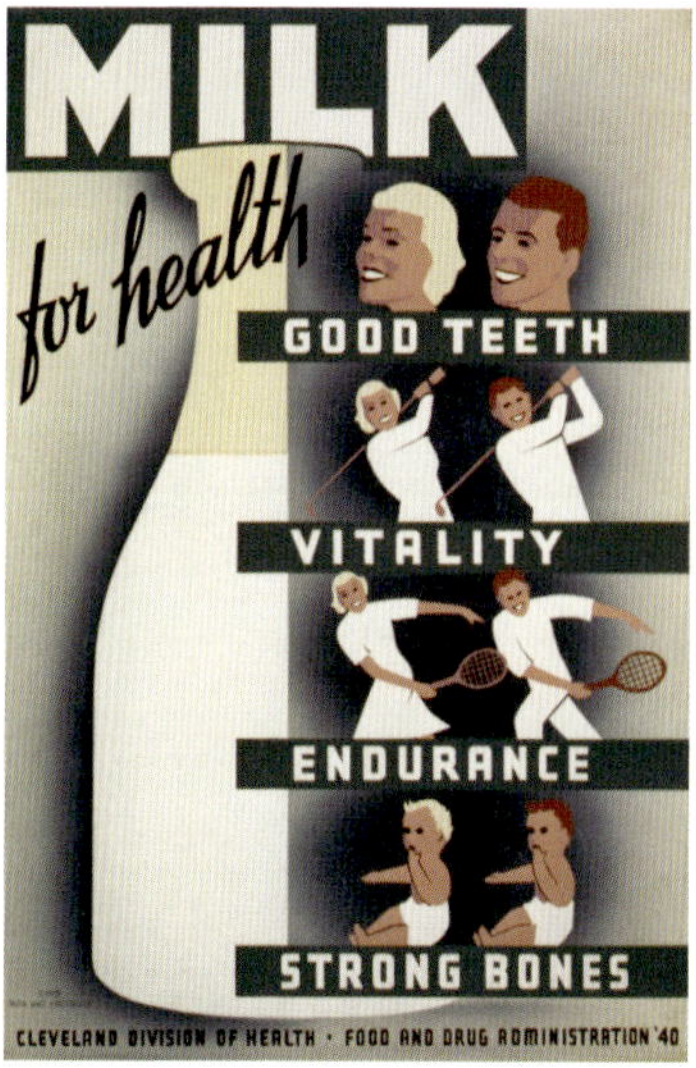

上左：「健康にはミルク　きれいな歯／活力／持久力／強い骨」WPA美術計画に基づいてアメリカ・クリーブランド州保健省が製作したポスター。牛乳の幅広い効能を伝える宣伝。1940年。

上右：「夏の渇きにはミルク」WPA美術計画のポスター。クリーブランド州、1940年。

下：「エネルギー食品――ミルクであたたかく」WPA美術計画のポスター。クリーブランド州、1941年。

成功をおさめるには、第二次世界大戦後まで待たねばならない。その頃になると、牛乳を毎日飲む習慣を身につけようと呼びかけるキャンペーンが打たれ、1958年には「Drinka Pinta Milka Day（ドリンカ・パインタ・ミルカ・デイ／毎日1パイント〔約500ミリリットル〕の牛乳を飲もう）」という標語が大ヒット。また、話題（そして冷笑）の種をまくだけでなく、1961年にはメッセージを浸透させるために「ミルクを飲んで安全運転」というキャンペーンも展開。NMPCは飲酒検知器の到来を見据え、パーティーの直前か直後に牛乳をコップ一杯飲むと二日酔いにならないと力説したのである。

宣伝が功を奏し、牛乳は消費者にあらゆる種類の効果をもたらす大切な日用品との認識が浸透していった。牛乳を飲むとぐっすり眠れます、肌がつやつや（ミルク色）になります、筋肉がつきます、老後も元気に過ごせます、強い子供に育ちます——誰がミルクの魅力に打ち勝てよう?　宣伝が威力を発揮したことは、牛乳消費量の統計からもうかがえる。1950年代半ばまでに、イギリス一般社会の牛乳消費量は1938～9年度の2倍以上——以前は1週間につきひとり3・4パイント飲んでいたのが8・4パイント——に増加した。[32][33] この傾向は1970年代まで続き、ピークの1960年代半ばには、1週間にひとりが飲む量は8・7パイントになった。[34]

牛乳はよみがえった。成功の立役者は政府の公衆衛生キャンペーンだった。アメリカでも

「これらの食品を毎日食べよう」ニューヨーク市製作のWPA美術計画のポスター。牛乳を健康的な食生活の必須項目に位置づけている。1941～1943年。

事態は同様で、宣伝は赤ん坊や子供の健康に焦点をあわせていたが、公衆衛生当局は1950年代から乳製品を「4大基礎」食品群のひとつに据え、バランスの取れた、健康的な食生活に欠かせない食品に位置づけた。子供は1日にコップ4杯の牛乳を飲むことを奨励された。(35)

アメリカで多くの新聞を飾ったキャンペーンのなかに、1924年にシカゴ保健省が製作したものがある。この有名な宣伝は、燃料に粉ミルクを注入された機関車が、200人の孤児を乗せた4両編成の客車を牽いて約16キロ走るという内容で——牛乳はエネルギー源になる、だから力がわいてくる、と言外に伝えていた。(36) その他の西洋諸国でも、この経済的な食品の栄養効果を強調する宣伝が大半を占めた。

第5章◉現代のミルク

西洋諸国で政府の強力な支援を得た食品、ミルクの輝く後光は1970年代から少しずつかげりはじめ、ふたたび疑惑の目で見られるようになった。ただし、今度は病原菌を運ぶとか不衛生だとかが問題になったのではない。もはやミルクは超清浄、大量生産、年間を通じて手に入る食品で、「こうあるべき」点はすべてかねそなえている。しかし現代の問題の多くは、ついにミルクが「そのまま飲むもの」として定着したことから来ており、消費者はミルクが自分たちの健康にとっていいのか悪いのか、決めかねているのが実情だ。それでも、昔はミルクを飲む習慣がなかった国々（アジア諸国や、消費量の少なかったラテンアメリカ諸国など）では好意的に受けとめられている部分も多く、ミルクは国際規模の商品に変貌し、世界の牛乳消費量は史上最高となっている。(1)

◉西洋諸国で減少してきた消費量

ミルクの消費量は、やはり欧州連合（EU――そのなかでは北欧圏が最大の消費地）とヨーロッパ系の人口が多い諸国（オーストラリア、カナダ、ニュージーランド、アメリカ）をあわせた量がもっとも多く、世界のほかの地域を上まわっている。しかし消費の形態は1960年代半ばから変化、あるいは減少してきた。イギリスの場合、全英食物調査によれば、牛乳消費量は1974年に1週間につきひとり5・1パイント［約3リットル］飲んでいたものが、1980年には4・5パイント［約2・5リットル］、2000年には3・6パイント［約2リットル］に減った（これらの数値には学校牛乳と福祉牛乳を含む）(2)。つまり、牛乳消費量はふたたび戦前レベルにもどってしまったのである。

では、なにが原因でこうなったのか？　乳業界の広告不足とか、政府がてこ入れする健康キャンペーンの減少が原因のはずがない。両方ともまだ健在なのだから。しかし、1980年代からの牛乳の宣伝を見てみると、この消費衰退の裏にひそんでいた理由の一端が浮かびあがってくる。つまり、この時期からの牛乳の広告は、毎日の健康増進という大前提に加え、新たなマーケットを獲得しようとさまざまなイメージを打ち出し、牛乳の位置づけを変えようと試み続けてきたのだ。

牛乳の消費量がもっとも減少している年代はどうやら11～18歳のようで、これがずっと続けば、成人後に彼らが骨粗鬆症や肥満になったりするおそれがある。(3) こうした傾向の背景には、十代の市場で牛乳と競合する炭酸清涼飲料の躍進が大きくかかわっている。1945年、アメリカの牛乳摂取量は炭酸清涼飲料の4倍だった。1988年までにこの比率は逆転し、炭酸清涼飲料の消費量は牛乳の2倍以上になった。(4)

この現状をふまえたコマーシャルが、1980年代後半からイギリスのテレビをにぎわした。サッカーを終えたばかりの少年ふたりが、なにか飲もうと冷蔵庫に突進するという内容だ。ひとりはレモネードをつかみ、もうひとりは牛乳瓶から大きなコップになみなみとミルクを注ぐ。レモネード少年が「うへぇ！　ミルクかよ！」と顔をしかめると、ミルク少年はイアン・ラッシュ（リヴァプールFCに所属する選手で数々のタイトルを総なめにし、クラブの黄金時代を築きあげた）だってミルクを飲むし、もしイアンがたくさんミルクを飲まなかったら、アクリントン・スタンレー（1962年にリーグ落ちしたクラブ）でプレーするのが関の山の選手になっただろうさ、とやり返す。「アクリントン・スタンレー――ってどこのクラブさ？」とレモネード少年。「つまり、そういうこと」とミルク少年。するとレモネード少年はレモネードを放り出して、がばっとミルクをつかむ。あきらかにこのコマーシャルは、牛乳と運動能力の関係について、子供にある種のイメージをすりこもうとしていた。

もっと近いところでは、アメリカの「ミルク飲んでる？」やイギリスの「白いの飲んでる？」という〝ミルクのひげ〟広告がある。サッカー選手のデイヴィッド・ベッカムやプロボクサーのアミール・カーンなどの有名スポーツ選手、スーパーマンなどの架空のキャラクターを起用し、成長・身体能力・牛乳の関連を印象づけるのがねらいだ。

しかし、こうしたメッセージで十代や若者層に甘いソフトドリンクよりも牛乳を選ぼうと呼びかけたにもかかわらず、標的年齢層の牛乳の飲用は減っていった。そこで消費拡大をはかるために、チョコレート風味のミルクの開発、学校の自動販売機に牛乳を入れて個人消費の増大をねらう（つまり牛乳は炭酸清涼飲料の隣にならぶことになった）、運動したあとは特製スポーツ飲料よりも低脂肪乳（やチョコレートミルク）のほうが脱水改善の効果があるとする研究結果の発表[5]など、さまざまな工夫をこらしている。

牛乳の宣伝広告のもうひとつの大きな変化は、低脂肪乳のよさを前面に出してきたことだ。1871年にクリーム分離機が開発されて以来、牛乳からクリーム（脂肪分）を分離することが可能になった。アメリカでは、無脂肪乳、脱脂乳、1パーセント低脂肪乳、2パーセント低脂肪乳、全乳（乳脂肪分3・25パーセント以上）と、何種類もの牛乳が買える。一方、イギリスで入手できるのは脱脂乳（乳脂肪分0・5パーセント未満）、半脱脂乳（1・7パ

おしゃれ度で牛乳は炭酸飲料以上と宣伝するアメリカの「ミルク飲んでる？」キャンペーン。モデルは大人気だったテレビの子役アマンダ・バインズ。

五輪金メダリスト（水泳）のダラ・トーレスが、運動選手の選択肢として牛乳を奨励。

ーセント）、全乳（3・5パーセント以上）だけだったが、EUの規則によって2008年1月1日から1パーセントと2パーセントの低脂肪乳も販売できるようになった。[6]

クリーム分離機は、まさに牛乳の発展の要となる天の恵みだった。なぜなら、栄養プロファイリング（栄養素の組成によって食品を評価する科学）によると、乳製品にはもともと飽和脂肪酸が多く含まれているからである。動物性の飽和脂肪酸をとりすぎると、動脈硬化から心臓の冠動脈疾患につながる危険が高まるし、肥満や心臓病も起こしやすい。このため多くの消費者が全乳を避けるようになり、かわりに低脂肪乳を強く支持する傾向が生まれた。ある評論家が述べているように、「牛乳は、なにがなんでも脂肪は敵とする社会の犠牲となった。以前は健康の源とあがめられたのに、今はその立場から引きずりおろされて悪者扱いされており、牛乳はみずからの無実を証明しなければならなくなった[7]」

スコットランド牛乳委員会のデータを見ると、脂肪分を減らした牛乳の消費量は1983年のひとり0・3パイント［約0・2リットル］／週から、1989年の1・56パイント［約0・9リットル］へと劇的に増加した。[8] この傾向に変わりはないらしく、現在では牛乳消費者全体の75パーセントがいつも半脱脂乳や脱脂乳を飲んでいるという。[9]

宣伝を低脂肪乳主体に切り替えただけでなく、最近のアメリカは実際に「ミルク・ダイエット」を消費者に奨励している。これは栄養学的研究の知見に基づいたもので、「運動をしながら1日にコップ3杯の低脂肪乳か無脂肪乳を飲むと、適切な体重が保たれ、タンパク質も補給できるため、引き締まった筋肉質の身体になります。だからきちんと食べ、よく動き、ミルクでダイエットしましょう[10]」。

今や低脂肪乳は心臓病の予防のほかに、体重減少の旗手となった。〝ミルクのひげ〟を誇らしげにはやした歌手のシェリル・クロウや女優のブルック・シールズなどの有名人を引き連れながら、牛乳は身体能力や成長、強さばかりか、美と痩身にかかわる王国にも足を踏み入れたようだ。

消費者が「ダイエットのためのミルク」というメッセージに心を動かされるかどうかはそのうちわかるだろうが、乳業界がどれほど牛乳を「楽しく」「かっこいい」ものに見せようとしても、やはり人々は好みからではなく、いぜんとして牛乳を摂取「しなければならない」飲食物と考えているように思える。結局のところ、アメリカ国民の90パーセント以上が牛乳は「よいもの」と認識しているにもかかわらず、消費量は増加していないのだ[11]。

◉ミルクに対する逆風――健康への懸念

含まれている脂肪分とは別に、牛乳を完全な毒性物質として排除する論拠も着々と顔をそろえている。「牛乳への逆風」を決定づけたのが、1997年に出版されたロバート・コー

「赤ちゃんに病気ある？　牛乳を飲むと、疝痛、耳の感染症、アレルギー、糖尿病、肥満など、多くの病気の原因になります」PETAの反牛乳キャンペーンのポスター。アメリカ。

エンの『牛乳――猛毒 *Milk: The Deadly Poison*』である。コーエンによると、牛乳は乳がん、大腸がん、膵臓がんから喘息、小児糖尿病まで、おびただしい数の病気の原因となり、次に執筆した『牛乳のすべて *Milk A-Z*』（２００１年）に彼の説を裏付ける医学的証拠を多数掲載した。

動物愛護団体は倫理的見地から牛乳を買わないよう消費者に働きかけてきたが、なかには牛乳の安全性に疑問を投げかける動きもある。動物の倫理的扱いを求める人々の会（ＰＥＴＡ）は２０００年に展開した「牛乳最低」キャンペーンの一環として、ミルクのひげをはやしたニューヨーク市長ルドルフ・ジュリアーニのポスターを作成し（前立腺がんであることを市長が公表した直後だった）、そこに「前立腺がんできてる？」のフレーズを入れた――このポスターはのちに掲示板広告業界が撤去を決めた。[12]

おそらく、牛乳にいちばんきいた打撃は——とくにアメリカで子供に飲ませるかどうかの判断に関しては——ベンジャミン・スポック博士の方向転換だったろう。博士は育児書のバイブルともいわれたシリーズ『スポック博士の育児書』(第7版。1998年)のなかで、1歳以下の子供に牛乳を与えてはならず、母乳のみにしておくべきであり、また子供の食事からも牛乳と乳製品を除外しなければならない——子供が強く健康に育つのに牛乳は必要ないし、両親は牛乳を子牛が飲むだけのものにしておいたほうがいい、と述べた。これはスポック博士が1946年以来、かならず乳製品を子供の食事に取り入れよう、と主張してきた意見と正反対のものだった。

なぜ博士は意見を変えるにいたったのか? その理由としてあげられたのは、牛乳には鉄分が不足しているだけでなく、子供の鉄分の吸収をさまたげる、疝痛《せんつう》の原因になる、小児糖尿病発症の一因となる、牛乳不耐症の子供が多い、ベジタリアン食の子供(博士が2歳以上の子供に推奨する食事)は必要な栄養素(とくにカルシウム)を野菜中心の食事からきちんと摂取できる、というものだった。しかし、栄養学者の多数はこの助言を「まったくのナンセンス」としりぞけ、ある学者は「子供たちから牛乳を遠ざけろ——わたしにいわせれば、これは非常に危険なことです。牛乳はカルシウムとビタミンDの摂取に必要なものなのですから」と反論した。(13)

自家製の生乳――水牛の乳しぼり。インド西北部パンジャブ地方のルディアーナで。

そう、なぜミルクはふたたび敵になったのだろう？　多くの生乳支持派の見解では、現在のわたしたちが飲んでいる牛乳が、実際に牛が出す乳とは似ても似つかないものになっていることが最大の原因だ、という。

アメリカの生乳支持派のひとり、ロン・シュミットが展開する〝生乳にもどろう〟キャンペーンは、１９２０年代と１９３０年代に世界中を旅して、いわゆる「原始的文化」社会の食事を研究したウェストン・プライス博士の調査結果に基づいている。乳製品は現地の食事に欠かせない食品（ただし家畜を飼っている場合）であるにもかかわらず、プライス博士は彼らのあいだに、文明社会の牛乳が健康にもたらしていたような悪影響の痕跡をなにひとつ発見しなかった。シュミットは次のように結論する。

市場に流通している牛乳はお粗末だ……それを飲んで人々が体調を崩しても驚くにはあたらない。しかし、健康な、昔ながらのジャージー種の乳牛を飼っているとしよう。牛はたんなる牛乳生産機として育てられているわけではなく、牧草地に放たれて、ふだんから青々と茂る新鮮な草を食《は》んでいる。その乳をしぼるときは厳密に正しい手順にしたがい、清潔と衛生をそこなわないようにする。そうやって手に入れた生乳は、よちよち歩きの子にも、幼い子にも、育ち盛りの若者にも、大人にも適した、すばらしい食品となる……わたしはこれまでに、牛乳などよくないと思っていたあらゆる年代の患者たちの考えを変え、何百人もの人々に新鮮な草で育つ動物の生乳を大好きにさせてきた。(14)

◉ミルクは「本物」といえるのか？

では、今日の牛乳のなにがそんなに悪いのか？

生乳は4～5℃の低温にされた状態で加工場に着き、ほかの生乳と一緒に巨大な貯蔵タンクに入れられる。さて、店頭にならぶ牛乳ができるまでの一例を述べてみよう。生乳はかならず72℃で15秒間程度、高温短時間殺菌法（HTST法／第4章参照）で低温殺菌される。また、脱脂乳や半脱脂乳など、販売する製品の規格にしたがって「成分の調整（標準化）」をおこなっていることが多い。つまり消費者には、それぞれの生乳によるちがい、たとえば牛が食べる飼料によって自然に生じる差異などを判別することはできない。

成分調整の第一段階は、生乳を1分間に2000回転の遠心分離機にかけて、クリーム（脂肪分）と脱脂乳にわけることだ。次に、あらためてクリームを脱脂乳に加え、製品の規格にあった脂肪分に整える。乳脂肪分が平均で4パーセントとされる全乳でさえ、下限の3・5パーセント（ヨーロッパ）や3・25パーセント（アメリカ）のものは、ある程度のクリームが除去されていると考えていい。無脂肪乳や大半の低脂肪乳は、除去したクリームと一緒に消える脂溶性ビタミン（とくにAとD）を補うために、ビタミンを「強化」しなければならない。

その後、たいていは牛乳を均質化（ホモジナイズ）する――これは脂肪の分子を破砕するためにおこなわれる処置で、牛乳に高圧をかけて細い管を通し、硬い表面にぶつける。すると脂肪球が細かく砕かれて均質な粒子になる、という仕組みである。これによって脂肪分が牛乳中に均一に混ざるようになるので、脂肪分が浮き上がって表面にクリーム層を作ることがない。これはどちらかというと、牛乳をポリボトルに詰めて輸送するときに見てくれが悪くならないようにするための処置だ。

批判者の多くは、こうした方法で牛乳を加工すると、あまりに多くの変更が加えられてしまうから、新鮮な牛乳と同じ風味になることはありえないという。あるチーズ製造業者は、牛乳の加工過程を「ばらばらにしてから、もう一度くっつけ直して、人々が信じこんでいる形に見せかける方法」と述べている(15)。

低温殺菌も非難の対象で、牛乳に「鼻につく焦げくさい風味」をつけるばかりか、病原性の細菌を殺すだけでなく、新鮮な牛乳の風味のもととなる40〜50種類の菌叢までだめにしてしまうとされる(16)。均質化(ホモジナイズ)にいたっては、牛乳の「こく」を失わせ、おいしくもなんともないただの液体に変えるだけ、とさんざんな評判だ。

とはいえ、ベルギー、スペイン、フランスを筆頭に、多くのヨーロッパ諸国では超高温瞬間殺菌(UHT法[120〜150℃で1〜3秒間殺菌する方法])の牛乳が売り上げの大半を占めており、自然の風味とはほど遠くても、おおぜいの消費者がそれなりに「牛乳」を楽しんでいる。

しかし、批判の矛先は今日の牛乳の味だけにとどまらず、低温殺菌が牛乳の栄養価をそこねると主張する人々もいる。乳業界や政府当局、栄養学者たちは、低温殺菌で牛乳の栄養成分が数値にあらわれるほど減少することはないと繰り返し否定しているけれども、なかなか

酪農場で牛乳の低温殺菌をチェックする従業員。イングランド南東部のサフォーク州。

スーパーマーケットの店頭にならぶ多種多様の牛乳。台湾の台北で、2008年。

受け入れられていない。

しかし、ひとつだけたしかなことがある。ニューヨークのアッパーイーストサイドでどちらかといえば小さな、ごく普通の食料品店をのぞくだけでも、じつに30〜40種類もの異なる牛乳製品があるのがわかる。有機畜産で生産されるオーガニック牛乳や牛成長ホルモン（rBST）フリー牛乳（後述）、ビタミンAやDの強化牛乳、乳糖分解牛乳にいたるまで、じつに多種多様な品ぞろえだ。[17]「ミルク」はもはやミルクではないという主張は、ある意味、的を射ているのかもしれない。そして、こうしたありとあらゆる加工によって、古代インドの助言――牛乳は手を加えずに生で飲みなさい、ただし時間のたったものは使わず、できれば加熱して香辛料をきかせなさい——は遠くへ去ったのである。

◉科学技術とミルク

ほかにも現代の牛乳に対する懸念があるが、それは消費の需要にこたえる過程で生まれた。生産者は乳牛に乳を「もっとたくさん」出させるために、飼料の改善、乳量の多い牛の系統の選択、酪農場の感染管理の向上に取り組んできた。

さまざまな科学技術の応用が広がるなか、アメリカでひとつの問題が浮上している。乳牛の乳量を増加させるタンパク質、すなわち遺伝子組み換え牛成長ホルモン（recombinant bovine somatotropin: rBSTもしくはrBGHと略される）の使用である［乳量増加ホルモン、合成牛成長ホルモン、牛ソマトトロピンなどとも呼ばれる］。

これはもともと牛に存在する成長ホルモンを、遺伝子工学的に合成したものだ。生体では脳下垂体から分泌されるが、この合成ホルモン剤を乳牛に注射すると、たいてい乳量が10～15パーセント増える。これは動物福祉の見地にとどまらず、遺伝子工学的に合成されたホルモンによって産出された牛乳が人間の健康に悪影響を及ぼすのではないか、という点でも疑問が呈されている。

アメリカに本社をおく世界屈指のバイオ化学企業、モンサント社が1994年にポシラックという商品名でｒＢＳＴを市場に投入して以来、アメリカ国内の牛への使用に関して激しい論争が繰り広げられ（少なくとも論争と受けとめられた）[18]、結局、消費者の商品選択の自由を確保するために、ポシラックを使用しないで産出された牛乳には「ｒＢＳＴフリー」の表示をすることになった。現在、クローガーやウォルマートなど大手スーパーマーケットチェーン店の多くは「ｒＢＳＴフリー」の自社ブランドを発売しており、コーヒー界の巨人スターバックスも２００７年にｒＢＳＴフリーの牛乳しか使わないことを誓った。

こうした消費者の強烈な拒絶の行く末を見越して、モンサント社は２００８年８月、ポシラックを「配置がえ（売却）」すると発表し――今は大手製薬会社の一部門エランコ社がこの疑惑の杯を取り扱っている。

ほかにも生体工学と牛乳にかかわる懸念が、地平線上に姿を見せはじめた。乳産出量の多いクローン牛のミルクが食品市場に入ってきたことである。しかし、クローン牛由来の牛乳に同様の表示はされそうにない。というのも、アメリカの食品医薬品局（ＦＤＡ）が、クローン動物のミルクは「普通のミルク」の組成とまったく同じであり、したがって表示の必要はないと決定したからだ。また、ＦＤＡは２００８年１月にも、クローン乳牛のミルクは「われわれが毎日口にしているものと……変わりなく安全」と発表した[19]。欧州食品安全機関（ＥＦＳＡ）も同じ立場を取っているが、消費者と酪農業界がその意見に同調するかどうかは、まだ見守っていく必要があるだろう。

業界がおそれているのは、クローン動物のミルクに表示がされなければ、消費者が安全を優先して乳製品全体の購入をひかえるのではないか、ということだ。クラフトフーズ、キャンベル・スープ・カンパニー、ネスレのベビーフード部門ガーバーなど多数の企業が、特定できる場合はクローン動物由来の産物を使用しない、という誓約に参加している。

●生乳

牛乳がどのように生産され、なにを含有し、どう加工されたかに対する消費者の関心と懸念に照らしてみれば、このところ低温殺菌されていない生乳の売り上げが伸びていることもうなずける。とはいえ、その割合は一般家庭用牛乳の全販売量の1パーセント未満にとどまっている。おそらく、生乳の調達がむずかしいのが原因だろう。医療や公衆衛生機関は、生乳が細菌の温床になると危険視しているからだ。

イングランドとウェールズでは、1999年以降、生産者が環境食糧農林省（DEFRA）の発行するライセンスを取得していないかぎり、生乳を直接消費者に売ることを法律で禁止しており、製品にもはっきりと「この牛乳は加熱処理していないため、健康を害する微生物を含んでいる可能性があります」と表示することを義務づけている。スコットランドは

生乳は健康被害警告の表示なしに売ってはならない。

1983年に、非処理牛乳の販売を全面的に禁じた。

アメリカの場合、18州が生乳販売を違法とし、それ以外の4州がペット用にかぎっての販売を許可しているほか、法律を破る気を起こさせないため生乳を炭で着色してまずそうに見せよう（ジョージア州）などの提案もある。[20] 1987年から、食品医薬品局は州境をまたいで人間用の生乳を販売することを禁じた。理由は「生乳はどれほど入念に生産しても危険になりうる」からである。[21] また、2007年には、生乳の販売に際して厳密な細菌基準を規定する法案がカリフォルニア州で通過した。[22]

それでも、こうした規制をうまく逃れる方法や手段はあり、一般社会に生乳を売ろうともくろむオーストラリア人たちが「入浴用ミルク」

と銘打って商品を流通させているが、政府は現在この抜け穴をふさぎつつある。

現代の消費者たちが、牛乳を飲めとか飲むなとか、たえず正反対のメッセージにさらされていることを考えれば、西洋社会で牛乳の販売量が落ちるのは当然だろう――これは「白い妙薬」なのか「白い毒薬」なのか? なにやらかぎりなく、どこかで聞いたような話だ。しかし、ミルクには悪いニュースばかりではない。

◉東洋で増加する全乳消費量

この40年間、西洋での全乳消費量が頭打ちか減少していく一方、東洋では正反対のことが起きている。伝統的にミルクを飲まない文化が多かったアジア地域で、この白い液体は受け入れられた。中国の消費量は1964年から2004年までになんと15倍にも跳ね上がり、タイはその半分ほど、インド、日本、フィリピンは3倍から4倍で推移している。[23]

西洋に比べるとアジアの牛乳消費量はかなり低いが(アメリカの2〜3パーセントにすぎない)[24]、いくつかの理由から市場は急速に拡大中だ。もっとも大きな理由としては、アジア諸国で個人の収入が増えていることがあげられる。どうやら収入の伸びと牛乳などの動物性食品の需要は、手をたずさえて進んでいくらしい。

こういった需要を生みだしたのは販売戦略で、「牛乳こそ」子供の成長と元気のための食品と位置づけるのと同時に、牛乳をアジアの社会にとっての魅惑の品に——とくに西洋の食品を食事に取り入れてみたい、という経済発展いちじるしい国の願望に訴えかけた。いや、それとも、たんに牛乳が以前よりも安く豊富に出まわるようになって、みんなが乳製品をためしてみる気になっただけのことなのだろうか？

アジアのなかで、まっさきに牛乳の人気が出たのは日本である。日本の子供たちは毎日学校で牛乳を支給されるようになり——事実、これは国内需要を伸ばすためにおこなわれた学校牛乳計画だった——、その後は中国もそれに続き、2007年に当時の温家宝首相は「わたしにはすべての中国国民に、とくに子供たちに、毎日十分な牛乳を提供したいという夢がある」と述べた(25)。

現在、国連の食糧農業機関（FAO）によって9月の最終水曜日が「世界学校牛乳の日」に定められ、30か国以上がそれに参加している。親が全額負担するのであれ、無償で配給されるのであれ、学校の児童への牛乳支給が世界的な広がりを見せていることが、そこからもうかがえる(26)。

アジア諸国の「栄養面からの西洋化」の例としては、こんなテレビ広告がある。白いミルクパウダー（ヨーロッパ産）を水に溶き、シリアルにかけて食べましょう、というものだ——非常に西洋風な軽食で、さまざまな多国籍企業が商品を展開している(27)。

「テー・タリック」すなわち〝引きのばし紅茶〟を作る。タイのバンコクで。

シリアルに牛乳をかけるとか、学校給食に牛乳を出すとか以外の面で、牛乳の消費をもっとも支えているのは、ヤクルト（日本で1930年代に開発された乳酸菌飲料）などのプロバイオティック食品のほか、インスタント式のミルクティーやミルク飲料だ。アジアの消費者がミルク飲料（とくに紅茶風味）を飲む割合は、2007年は2006年よりも13パーセント増え、その伸び率の大半を中国が支えている。[28]台湾では1980年代から「バブルティー（ボバティー、パールティー、ミルクティー、バブルドリンクとも呼ばれる）」が人気を博し、すっかり社会に定着した。いろいろな種類があるが、基本的には冷たい紅茶、牛乳、蜂蜜、氷、タピオカの粒を混ぜたものをシェイクして作る。

アジア諸国で飲まれるミルク飲料は牛乳だけではない。マレーシアやシンガポール、ブルネイでは、紅茶とコンデンスミルクで作る「テー・タリック［テ・タリと表記する場合もある］」を飲む。表面が泡立つので、なんとなくカプチーノに似た感じがする。高いところから何回も糸を引くようにして容器に注ぎ入れて作る。

◉ミルクの需要と供給の不均衡

牛乳消費量を世界規模でながめた場合、毎年約3パーセントの需要の伸びがあり、これは実際の牛乳産出量を上まわる。[29]よって、需要のバランスを取るためには、あまっている国がたりない国に販売することが必要となってくる。オーストラリアが中東に脱脂粉乳を輸出しているのが、その一例だ。西洋でも牛乳不足に直面している国は多い。たとえばイギリスの場合、生産費の高騰、労働者の高齢化、牛結核による大量の乳牛喪失など、さまざまな理由によって酪農業者が乳業界から撤退している。[30] 一方、アジア諸国では、いまだ需要に見合うだけの頭数を国内で飼育しておらず、輸入経路の確立や、飼料の十分な供給もできていない。つまり、需要と供給のバランスが取れるまで、世界の牛乳価格は上昇すると考えていい。

現在の牛乳の需要と供給の不均衡を是正するための解決策は、おのずとかぎられてくる。乳牛1頭あたりの乳産出量を増加させるか、乳牛以外の動物のミルクを増やしていくか、牛乳の需要を減らすか、だ。

酪農界はたえず研究を重ねて乳牛の乳量を増加させる方法を探しているが、乳牛に「極限の要求」を課せばかならず倫理や道徳の問題がつきまとい、それを消費者から隠しとおすことはできない。[31] 牛乳以外のミルクはどうかというと、2007年度の国際酪農連盟（IDF）の報告によれば、10年前に比べて水牛のミルクの産出量は37パーセント、ヤギのミルクは3・3パーセント、羊のミルクは4・9パーセント増えており、ラクダ、ヤク、トナカイのミルクの産出量は変わっていない。[32]

こうした傾向のいくつか、たとえば羊やヤギの場合、彼らのミルクの乳糖含有量は牛乳よ

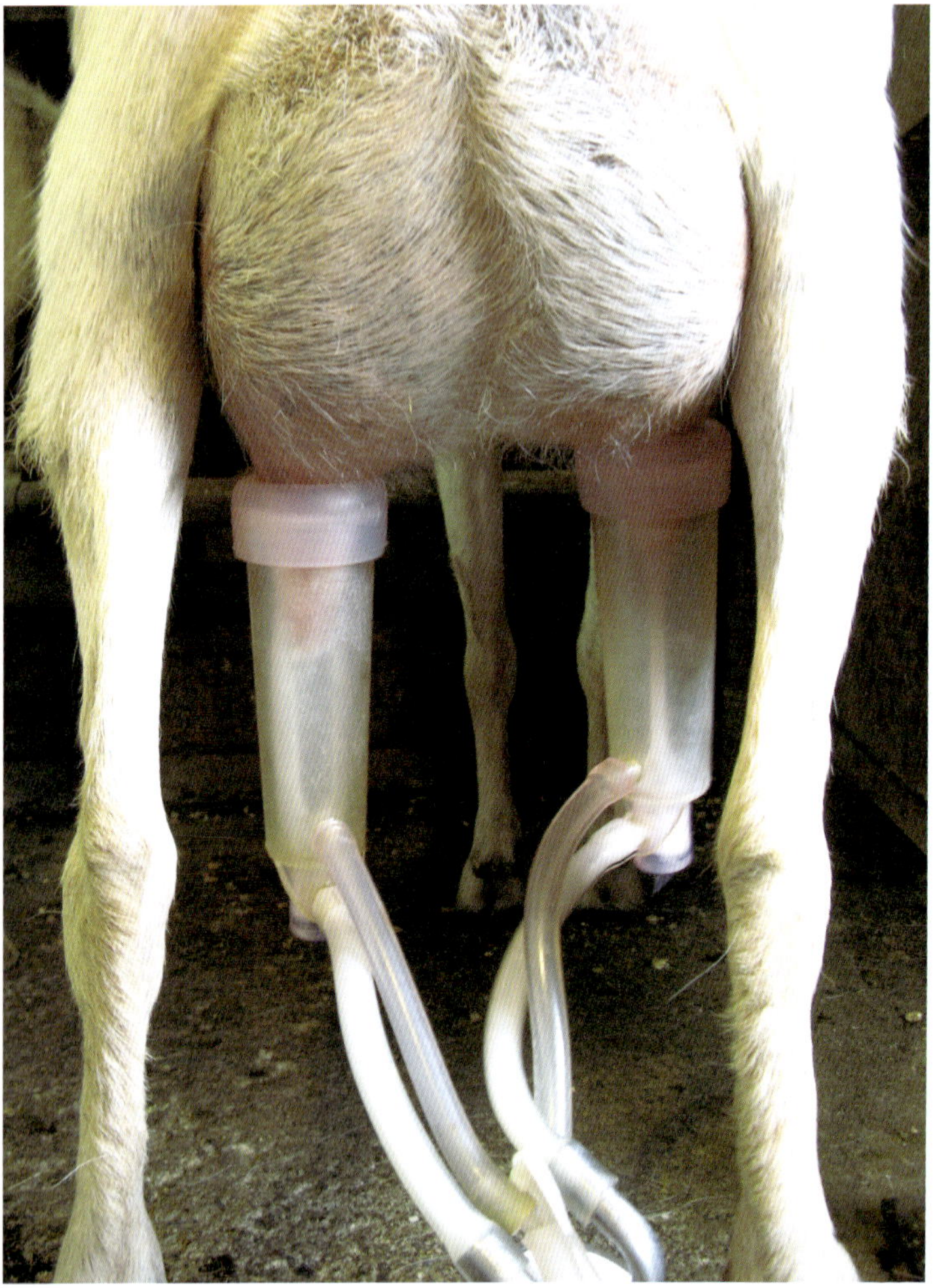

ヤギのミルクの産業化が進んでおり、一般に普及しはじめている。

りも少ないので、牛乳で不耐症を起こす人々でも飲みやすい、というのが産出量増加の理由のひとつと思われる。しかしＩＤＦの分析では、牛乳以外のミルクは「たんに隙間市場にとどまるだろう。なぜなら乳産出量がかぎられており、それが牛の乳と同程度に増加することも、あるいは超えることも考えられないからである」[33]

したがって、たぶん、世界は牛乳の需要を減らしていかざるをえまい。これは環境保護団体にとっては歓迎すべき事柄だろう。

イングランドのサリー大学に本部をおく食物気候研究ネットワークは、加速する気温上昇変化をおさえるため、２０５０年まで1週間に飲む牛乳の量を1リットル（2・1パイント）に制限しよう、と先進国の人々に呼びかけている（この量は開発途上国の人々の平均消費量と同じくらいで、毎日シリアルにかけて食べるか、1週間に小さめのチーズサンドイッチ3個程度を食べる分に相当する）[34]。イギリスの食品業界が排出するメタンガスの大部分は乳牛（および他の家畜）が発生源――げっぷやおならの形で――というのが、このアイデアを生み出すにいたった根拠だ。牛乳の消費量が減るということは、すなわち、地上に存在する乳牛の数が減るということにつながる。

新鮮な牛乳の自動販売所。フランス南東部のアヌシー=ル=ヴューで、2009年。

◉ミルクの未来はどうなるか

これから先、おそらく十中八九、ミルクは両極端の議論にもまれ続け、世間の関心を引きつけていくだろう——たいていはよくないことで。それは人間の関与がミルクの清浄なイメージをいちじるしく傷つけた、最近の事件に見てとることができる。ミルクが不純物と病原菌にまみれていた19世紀の日々にもどったかのように、2008年9月、中国製ミルクにメラミン（食品への添加は禁止されており、一般に塗料や樹脂加工に使われる工業用化合物）が混入していたという事実があばかれ、世界中を揺るがした。メラニンを添加したのは、水で薄めたミルクのタンパク質含有量を多く見せかけるためで、そのミルクを原料にした粉ミルクを飲んだ乳児は、メラミンによる重篤な腎障害や激しい痛みをともなう腎結石を起こした。2009年7月の時点で、中国人の乳児の少なくとも6人が死亡、30万人以上の乳児が病院で治療を受けている[35]。

ミルクが——好まれるにせよ嫌われるにせよ——人類の歴史において、世界中でもっとも議論される食品のひとつであり続けることはまちがいない。

謝辞

いつも忍耐強く協力してくれたハリー・ギロニスと、自分たちの知識や考えを無償で提供してくれたすべての人々にお礼を申し上げる。

調査をしているときも、執筆をしているときも、つねにかたわらにいた息子キャメロンに本書を捧げる——もしなんらかの誤りがあったときは、「妊娠中の脳」をかかえた筆者の責任である。

訳者あとがき

ものみなすべてに歴史があるように、もちろんミルクにも歴史がある。でもミルクの歴史って……昔は動物からしぼったものをそのまま飲んで、そのうち大量生産が可能になって、それからいろんな種類のミルクが作られるようになっただけじゃないの？　と思ったりするかもしれない。

たしかに大筋はそうなのだが、そこにはどうしてどうして、かなり波乱に富んだ歴史があった。動物の家畜化に成功して乳をしぼりはじめた紀元前の時代、どの家畜からどう乳をしぼればよいか（羊や豚のくだりではあっと驚くような）知恵をしぼった人々、風土によって取捨選択されていった動物たち、人々がミルクにかけた思い、近代の訪れとともに否応なく発生していった数々の問題、その克服のための苦闘、そして今――本書『ミルクの歴史 *Milk: A Global History*』を読むと、ミルクが紆余曲折を経ながら人間社会の「食」として根づいてきた過程がよくわかる。はるかな昔や遠い土地でも、そこにはつねに人間の営みがあり、そのかたわらで黙々と（ときには後ろ脚で蹴りとばしたこともあったろうが）乳を提供する動物たちの姿があった。本書はイギリスの Reaktion Books が刊行し、２０１０年に料理とワインに関する良書に贈られるアンドレ・シモン賞の特別賞を受賞した The Edible Series の一冊である。

著者が述べるように、ミルクには、そこはかとない郷愁を呼びさますところがある。たぶん、子供時代と日々の暮らしに密接にかかわっていたからだろう。著者が思いおこすイギリスの風景と、日本人のわたしたちが覚えている風景は異なるにしろ、底に共通する念は同じなのではないだろうか。年代によっては給食に出されたスキムミルクの味や、三角錐のテトラパックに入った牛乳、初めてコーヒー牛乳を飲んだときの感動、銭湯の湯上がりに買ってもらったフルーツ牛乳のおいしさ、きらきらと輝きながらイチゴの上にかかるコンデンスミルクに見入った瞬間を懐かしく思いだすかもしれない。日本で牛乳の利用がはじまったのは6世紀の昔にさかのぼり、仏教の伝来と時を同じくしてミルク文化もやって来たのだという。その後の長い空白期間を経て、江戸末期から明治期にふたたび牛乳が脚光を浴びたが、一般社会に浸透したのは第二次世界大戦後のことだ。

日本でも海外諸国でも、いまやミルクはスーパーマーケットの一角を占めて当然の食品になったわけだが、安心安全の製品となるには技術開発や人間の意識改革も含め、長い時間が必要だった。そうした過去をひもときながら、著者は現在のミルクを取り巻く状況や概念の変遷をていねいに追い、健康や環境、経済、やはり消えたわけではない安全性の問題など、21世紀を生きるわたしたちが直面している数々の「ミルク問題」を示してくれる。本書は今一度「ミルクと自分」「ミルクと社会」を考えるきっかけにもなるだろう。豊富なカラー図版には、時代とともに移り変わる牛乳の宣伝ポスターなども含まれており、とても楽しい。また、巻末のレシピ集には、料理や飲み物のほかに、ミルク風呂やミルク塗料の作り方も載っている。

著者のハンナ・ヴェルテンは動物と人間社会のかかわりについて執筆活動を続けているフリーライターである。農場で育ち、農学部で学び、農場で勤務した経験からも来るのだろう、本書には人々の歴史に対してだけでなく、牛をはじめとする動物たちへのあたたかな眼差しが感じられ、それも魅力のひとつとなっている。人間はつねに家畜とともに生き、社会は家畜によって支えられてきた。本書を読んで、２０１１年の東日本大震災など、さまざまな災害や疾病発生に翻弄されてきた家畜や農場の来し方行く末に思いをはせる方も多いのではなかろうか。未来に向けて、わたしたちには考え続けねばならない、かつ解決していかなければならない問題がまだまだたくさんありそうだ。

本書の訳出にあたっては、文献収集や図書館との折衝にあたってくれた金沢医科大学麻酔学教室秘書の平村瑞代さんのほか、多くの方にご協力をいただいた。そして、今回も原書房の中村剛さんにはたいへんお世話になった。この場を借りてすべての皆様に厚くお礼を申し上げる。

堤 理華

2014年4月

写真ならびに図版への謝辞

著者と出版社より，図版の提供と掲載を許可してくれた関係者にお礼を申し上げる。スペースの関係上，本書中に収蔵場所等を掲載していないものもあるが，それらについては下記を参照されたい。

Photo © Kangan Arora 2009: p. 139; courtesy of the author: pp. 9(上), 23(上), 84, 95; Bodleian Library, Oxford (ms. Bodl. 764): p. 16; British Museum, London (photo © The Trustees of the British Museum): pp. 18-19; photo Cesar Cabrera: p. 44; Camden Local Studies and Archives Centre: p. 62; photo Marion Curtis/Rex Features: p. 134; Dulwich Picture Gallery, London: p. 53; *Farmers Weekly*: p. 13; J. Paul Getty Museum, Los Angeles: p. 72; photo Mike Grenville (www.changingworlds.info): p. 148; photos Clare Hill (www.clarehill.net): pp. 23(下), 32; photo Jacob P. Jacob: p. 48; photo Helen Jones: p. 40; photo Mark Kerrison: p. 24; photo Pei-Pei Ketron (www.penelopesloom.com): pp. 144; Library of Congress, Washington, dc: pp. 77, 79, 112, 115 (Prints and Photographs Division), 107, 125(3点), 127 (Prints and Photographs Division, Work Projects Administration Poster Collection); photo Vrindavan Lila Dasi: p. 50(上); photo Arthur Macartney: p. 56; photo L. J. and Dave Moore: p. 154; Musée de l'Assistance Publique, Hôpitaux de Paris: p. 113; photo Lawrence Oh: p. 151; photo Pacific Press Service/Rex Features: p. 21; photo David Pearson/Rex Features: p. 9(下); peta: p. 137; courtesy Pitt Rivers Museum, University of Oxford: p. 29; private collection: p. 103; photo Rex Features: p. 143; photos Roger-Viollet/Rex Features: pp. 68, 113; from M. J. Rosenau, *The Milk Question* (Boston, MA, 1912): p. 105; from George Augustus Sala, *Twice around the Clock: or, The Hours of the Day and Night in London* (London, 1859): p. 74; photo Sipa Press/Rex Features: p. 156; State Russian Museum, Leningrad: p. 46; photo Topfoto: p. 120; Trinity College, Cambridge (MS R. 17. 1): p. 39; photo wax115/morgueFile: p. 6; photo Christopher Charles White (www.christopherwhitephotography.com): p. 50(下); photo Jeff Wichmann (www.americanbottle.com): p. 109.

参考文献

Burnett, John, *Liquid Pleasures: A Social History of Drinks in Modern Britain* (London, 1999)

DuPuis, E. Melanie, *Nature's Perfect Food: How Milk Became America's Drink* (New York, 2002)

Hartley, Robert Milham, *An Historical, Scientific, and Practical Essay on Milk* (New York, 1977)

Jenkins, Alan, *Drinka Pinta: The Story of Milk and the Industry that Serves It* (London, 1970)

Mendelson, Anne, *Milk: The Surprising Story of Milk through the Ages* (New York, 2008)

Milk: Beyond the Dairy - Proceedings of the Oxford Symposium on Food and Cookery 1999 (Devon, 2000)

Rosenau, M. J., *The Milk Question* (Cambridge, 1912)

Ryder, M. L., *Sheep and Man* (London, 2007)

Spencer, Colin, *British Food: An Extraordinary Thousand Years of History* (London, 2002)

動物によるミルク成分比較表

	水分(%)	タンパク質(%)	脂肪(%)	乳糖(%)
ラクダ	85.6	3.7	4.9	5.1
乳牛 (ホルスタイン種)	87.8	3.1	3.5	4.9
ヤギ	88	3.1	3.5	4.6
ヒト(人間)	87.4	1.1	4.5	6.8
ウマ	89	2.7	1.6	6.1
トナカイ	63.3	10.3	22.5	2.5
ヒツジ	83.7	5.5	5.3	4.6
水牛	78.5	5.9	10.4	4.3

出典:Robert Bremel, University of Wisconsin, *Milk: Beyond the Dairy, Proceedings of the Oxford Symposium on Food and Cookery*, 1999(『ミルク——乳製品を超えて:食品と調理に関するオックスフォード・シンポジウム会議録1999年度版』所収のウィスコンシン大学ロバート・ブレメルの項より)

用語解説

◉牛乳の加熱処理方法

スーパーマーケット，食料品店，牛乳屋で売る牛乳はすべて加熱処理されていなければならない。

低温殺菌牛乳 Pasteurized milk 有害な細菌は含まれておらず，栄養価と味は生乳とあまり変わらない。

滅菌牛乳 Sterilized milk 長時間の熱処理によって牛乳中の細菌はほとんど死滅するが，その結果，味と色に変化が生まれ（かすかに茶色くなり，こげ臭がつく），栄養価も落ちる。しかし，瓶やパックに入った滅菌牛乳は開封しないかぎり，常温でも数か月保存がきく。

超高温殺菌（UHT）牛乳 Ultra-High Temperature or Ultra-Heat Treated (UHT) milk 短時間超高温にさらすことにより有害な微生物をすべて殺した牛乳で，滅菌容器に充塡する。滅菌牛乳ほど味に変化が起きず，こちらも常温で保存可能。ヨーロッパ（イギリス以外）ではこのUHT牛乳が主流となっている。市場占有率はベルギーで96.7パーセント，スペインで95.7パーセント，フランスで95.5パーセントにのぼる。

濾過牛乳 Filtered milk 非常に緻密な濾過装置でこした牛乳。牛乳を醱酵させる細菌も除くので，通常5日の低温殺菌牛乳より保存期間が長い。

◉牛乳の基本的な種類

全乳／高脂肪乳／成分無調整乳 Whole/full-fat 成分はしぼりたての生乳と同じで加熱処理されたもの。なにも除かず，なにも加えられていない。平均乳脂肪分は4パーセント。

成分調整全乳 Whole standardized milk 全乳の乳脂肪分が最低3.5パーセント（EU）か3.25パーセント（USA）になるように，多少の脂肪分を除いたもの。

均質化全乳（ホモジナイズド牛乳）Whole homogenized milk 牛乳中の脂肪球を細かく砕き，全体に均一にいきわたるように処理（均質化／ホモジナイズド）したもの。このため，牛乳表面にクリーム層が浮いてこない（現在，ほとんどの牛乳が均質化処理されている）。

2パーセント低脂肪乳 2 per cent milk 乳脂肪分2パーセントのもの。

半脱脂乳 Semi-skimmed イギリスでもっとも人気が高い牛乳。乳脂肪分1.5～

1.8パーセント。

1パーセント低脂肪乳 1 percent milk　乳脂肪分1パーセントのもの。

脱脂乳 Skimmed milk　乳脂肪分0.1～0.3パーセントのもの。したがって，脂肪分はほとんど含まれていない。

無脂肪乳 Fat-free　すべての乳脂肪分を除去したもの。「skim milk（スキムミルク）」ともいう［日本でいうスキムミルク（脱脂粉乳 skimmed milk powder, non-fat dried milk）とは異なることに注意］。

◉乳製品

乳清（ホエイ／ホエー）Whey　牛乳を凝固させたあとに残った液体を濾過したもの。

凝乳（カード）Curds　牛乳を凝固させ，濾過したあとに残ったかたまり。

バターミルク Buttermilk　クリームを攪拌してバターを作る際に残った液体。低温殺菌脱脂乳に乳酸菌を加えて作るときもある。

無糖練乳（エバミルク）Evaporated milk　濃縮・滅菌した牛乳。濃度は原乳の2倍になる。高圧下で濃縮し，均質化をおこなう。その後，缶につめて高温殺菌する。

加糖練乳（コンデンスミルク）Condensed milk　原乳を3倍濃縮した無糖練乳を甘くしたもの。滅菌はされていない。糖度が高いため，保存がきく。

粉乳 Dried milk powder　牛乳の水分を蒸発させて乾燥粉末にしたもの。高熱のローラーを用いたり，霧状の牛乳を乾燥させたりして作る。

乳酸菌牛乳 Acidophilus milk　有益な乳酸桿菌アシドフィルス菌を加えたもの。この菌には胆汁耐性があり，また腸管付着率が高いので，乳糖による消化不良症状をやわらげるといわれる。

強化牛乳 Fortified milk　ビタミンD，ビタミンA（これら脂溶性ビタミンは乳脂肪とともに除去される）および／またはカルシウムを加えたもの。また，低脂肪乳に「クリーミー」な味わいを出すために，タンパク質や炭水化物などの無脂乳固形分を加えることもある。

乳糖分解乳（低乳糖乳）Reduced lactose milk　乳糖分解酵素ラクターゼで処理し，牛乳に含まれている乳糖の70パーセントをカットしたもの。

低塩乳 Low sodium milk　牛乳にもとから含まれているナトリウムを95パーセント以上カットし，かわりにカリウムを補ったもの。

風味（味付け）牛乳 Flavoured milk　風味（ココア，粉末ココア，イチゴエッセンス，バニラエッセンスなど）と甘味を加えたもの。

ドコサヘキサエン酸（DHA）強化乳 DHA-enriched milk　天然DHAを加えた飼料で育てた牛が産出した乳を使用したもの。DHAは脳，神経系，網膜の発育や維持に欠かせないオメガ3脂肪酸のこと。

レシピ集

●蜂蜜入りミルク風呂

「現代版」クレオパトラの乳風呂[1]。*Stephanie Rosenbaum's Honey: From Flower to Table* (Chronicle Books, San Francisco, 2002)

粉乳*…90*g*
蜂蜜…大さじ4
*牛乳の乾燥粉末

1. 粉乳と蜂蜜をペースト状になるまで混ぜる。
2. 1をあたたかい風呂に溶かして入浴する。

……………………………………………

●サーモンのカスタードクリームスープ

Bird's Cookery Book, cited in Alice Thomas Ellis's Fish, Flesh and Good Red Herring (Virago, London, 2004)

牛乳…950*ml*
バター…25*g*
サーモンの缶詰…小
カスタードパウダー…1000*g*
塩…小さじ1½
コショウ…適宜

1. カスタードパウダーと大さじ3の牛乳を混ぜてペースト状にする。
2. 残りの牛乳を沸かして1に注ぎ，溶かしバターと調味料を加えて混ぜる。
3. 皮と骨を除いたサーモンをよくすりつぶし，2に混ぜ合わせる。
4. 3をあたため，すぐに食卓へ出す。

……………………………………………

●ミルクパンチ

Paul Clarke at www.seriouseats.com

ブランデー…30*ml*
ダークラム…30*ml*
砂糖…小さじ1
バニラエッセンス（好みで）…少々
全乳…80～120*ml*（好みで加減）

1. 材料を氷にあてながら混ぜる。
2. 大きなグラスに削りたてのクラッシュアイスを入れる。
3. 1を濾しながら2に注ぐ（またはマグカップにすべてを注ぎ，熱い牛乳をたす）。
4. 最後にナツメグを散らす。

……………………………………………

●牛乳塗料（1870年）※食用禁止

the Real Milk Paint Company[2]［環境に配慮した自然塗料を作成している会社］

無脂肪乳（常温）…950*ml*
消石灰…25*g*

チョーク*…400g ～ 1kg（増量剤として用いることもできる）

*基本は着色料として用いる。好みの色の粉末顔料を用いればよい。

1. 消石灰に無脂肪乳を加え，クリーム状になるまでしっかり混ぜる。
2. 1がかたいようであれば，無脂肪乳を適量加えて濃度を調節する。
3. 希望の色合いになるまで粉末顔料を加える――粉末顔料は耐石灰性のものであること。
4. 使う前に数分間よく混ぜ，使用中も混ぜ続ける。あまった塗料は冷蔵庫で保存すれば，牛乳がいたむまで数日もつ。

……………………………………………

◉カヘタ・メヒカナ（メキシカン・ドゥルセ・デ・レチェ）

Anne Mendelson, *Milk: The Surprising Story of Milk Through the Ages* (Knopf, New York, 2008)

牛乳（全乳）…950ml
ヤギのミルク…950ml
砂糖…2カップ（400g）
重曹…小さじ ¼

1. （なるべく）深く大きい鉄製ほうろう鍋に両方のミルクを入れる。
2. 1から ½ カップ分を別に取っておく。
3. 1に砂糖を加え，木製のスプーンで溶けるまで混ぜてから，ぐつぐつ煮る。
4. 火から鍋をおろす。取り分けておいたミルクに重曹を入れて混ぜたあと，鍋に加え，泡立つのを待つ。
5. 鍋をふたたび火にかけ，ときどき混ぜながら30分ほど加熱する。しだいにシロップのようなとろみが出てくる。
6. 休まずに混ぜ続け，シロップの色が濃くなったら徐々に火を弱めて，さらに30分煮る。
7. かきまわすと鍋底が見えるようになり，シロップのもどりが遅くなったら，鍋を火からおろす。
8. ミルクシロップの粗熱を取り，かたまりすぎないうちに小さな容器に注ぎ入れる。
9. 常温になるまで冷ましてから蓋をする。常温または冷蔵庫で数週間保存できる。

……………………………………………

◉コヤ・ゴビ・マタル（ホワイト・カレー）

Pat Chapman, *Indian Restaurant Cookbook* (Piatkus Books, London, 1984)

タマネギ（みじん切り）…中1個
ゴマ油もしくはヒマワリ油
カシューナッツ（皮を湯むきしてすりつぶす）… ½ カップ
ダブルクリーム*… ½ カップ
粉ミルク…大さじ2
カリフラワー（小房にわけて下茹でする）…大1個
グリーンピース（生か冷凍）…1カップ

塩
生のコリアンダー**（みじん切り）…大さじ1
ウイキョウの種（粗挽き）…小さじ½
ゴマ…小さじ1
コリアンダー（種子を挽いたもの）…小さじ½
*乳脂肪分が 48 パーセントの生クリーム
** セリ科の一年草。香菜ともいう。生の葉を使うほか，種子も香辛料としてよく使われる。

1. タマネギを炒めてしんなりさせる。
2. カシューナッツ，ダブルクリーム，粉ミルク，香辛料でペーストを作る（必要であれば水を加えて濃度を調節する）。
3. 1と2と野菜を混ぜ，10 分間コトコト煮る。
4. 塩少々を加え，必要であれば水をたす。
5. 飾りに生のコリアンダーをあしらう。

注

第１章　最初のミルク

(1) Layinka M. Swinburne, 'Milky Medicine and Magic', in *Milk: Beyond the Dairy - Proceedings of the Oxford Symposium on Food and Cookery, 1999* (Devon, 2000), p. 337.

(2) ミルクの成分の合成に関するくわしい情報は次のサイトを参照のこと。the University of Illinois website: http://classes.ansci.uiuc.edu/ansc438/Milkcompsynth/milkcompsynthresources.html 2008 年 11 月 1 日アクセス .

(3) 『プリニウスの博物誌 5（第 26 巻～第 33 巻）』中野定雄，中野里美，中野美代訳，雄山閣，1987 年。第 28 巻／ 33 節より。

(4) 『サミュエル・ピープスの日記　第 8 巻（1667 年）』臼田昭，岡照雄，海保眞夫訳，国文社，1999 年。1667 年 11 月 21 日の日記より。

(5) M. L. Ryder, *Sheep and Man* (London, reprinted 2007), p. 725.

(6) しぶり腹とは，繰り返し腹痛をともなって便意をもよおすのに便が出ないか，少量しかでない状態のこと。

(7) 『プリニウスの博物誌 5（第 26 巻～第 33 巻）』中野定雄，中野里美，中野美代訳，雄山閣，1986 年。第 28 巻／ 33 節より。

(8) Valerie Porter, *Yesterday's Farm: Life on the Farm 1830-1960* (Newton Abbot, Devon, 2006), p. 224.

(9) Laura Barton, 'Go Green at the Coffee Shop - Just Ask for a Skinny Decaff Ratte', *Guardian*, Comment and features section, 21 November 2007, p. 2.

(10) 右記の研究を参照した。Andrew Sherratt（故人）at the University of Sheffield; cited in R. Mukhopadhyay, 'The Dawn of Dairy', *Analytical Chemistry*, 1 November 2008, p. 7906 (published on the internet at http://pubs.acs.org/doi/pdf/10.1021/ac801789k 2008 年 12 月 23 日アクセス).

(11) Andrew Sherrat 教授と Richard Evershed 教授はミルクに関する彼らの研究を紹介した Radio 4 の番組 *The Material World*（2004 年 2 月 26 日木曜日放送／司会 Quentin Cooper）を聴いていたかもしれない。次のサイトで聴くことができる。www.bbc.co.uk/radio4/science/thematerialworld_20040226.shtml 2008 年 11 月 6 日アクセス .

(12) Mukhopadhyay, 'The Dawn of Dairy', p. 7907.

(13) Alan Davidson, *Oxford Companion to Food* (Oxford, 1999), p. 503.

(14) www.the-ba.net/the-ba/News/FestivalNews/_FestivalNews2007/_horsemilk.htm 2008年7月22日アクセス．

(15) E. C. Amoroso and P. A. Jewell, 'The Exploitation of the Milk-Ejection Reflex by Primitive Peoples', in *Man and Cattle: Proceedings of a Symposium on Domestication* (Royal Anthropological Institute, 1963), p. 126.

(16) ヘロドトス『歴史（中）』松平千秋訳，岩波書店，2008年。巻4／2節より。

(17) F. E. Zeuner, 'The History of the Domestication of Cattle', in *Man and Cattle*, p. 13.

(18) Ryder, *Sheep and Man*, p. 725.

(19) 前掲書 p. 724.

(20) Andrea S. Wiley, 'Transforming Milk in a Global Economy', *American Anthropologist*, cix/4, p. 670.

(21) 過去の人々の乳糖消化能力はLCT遺伝子の突然変異体を追っていくとわかる。この変異体は，どういうわけか乳糖分解酵素（ラクターゼ）の分泌を停止させるスイッチを無効にしてしまうのだ。牛乳を飲んでもだいじょうぶな人の子孫は，やはりこの変異遺伝子を持っている。

(22) Ryder, *Sheep and Man*, p. 725.

(23) Cherry Ripe, 'Animal Husbandry and Other Issues in the Dairy Industry at the End of the Twentieth Century', *Milk: Beyond the Dairy*, p. 298.

(24) Najmieh Batmanglij, 'Milk and its By-products in Ancient Persia and Modern Iran', *Milk: Beyond the Dairy*, p. 64.

(25) 旧約聖書／出エジプト記第23章19節，第34章26節，申命記第14章21節より（『新共同訳聖書』日本聖書協会，1987，1988年）。

(26) 古代インド医学に関する資料はすべて次のサイトから得た。www.mapi.com/ayurveda_health_care/newsletters/ayurveda_&_milk.html 2008年12月16日アクセス．

(27) 産出量の数字は次のサイトから得た。'India Bans Milk Products from China' (*India Post.com* website, 28.09.08), www.indiapost.com/article/india/3984/ 2008年12月9日アクセス．

(28) Anne Mendelson, *Milk: The Surprising Story of Milk through the Ages* (New York, 2008), p. 14.

(29) くわしくは次のサイトを参照のこと。www.pastoralpeoples.org/docs/06Vivekanandanseva.pdf 2008年12月12日アクセス．

(30) ヤクのミルクに関する詳細は食糧農業機関（FAO）のウェブサイトに掲載されている。www.fao.org/docrep/006/ad347e/ad347e0l.htm 2008 年 12 月 17 日アクセス．

(31) William Davis Hooper and Harrison Boyd Ash, trans., Marcus Terentius Varro, *On Agriculture* (London, 1967) Book ii, Chapter 11:1.

(32) カルピニ／ルブルク『中央アジア・蒙古旅行記――遊牧民族の実情の記録』護雅夫訳，光風社，1989 年。

(33) Benedict Allen, *Edge of Blue Heaven: A Journey through Mongolia* (London, 1998), p. 74.

(34) カルピニ／ルブルク『中央アジア・蒙古旅行記――遊牧民族の実情の記録』護雅夫訳，光風社，1989 年。

(35) くわしくは次のサイトを参照のこと。Yagil et al., 'Science and Camel's Milk Production' (1994) at www.vitalcamelmilk.com/pdf/yagil-1994.pdf, pp. 3-4 2008 年 12 月 17 日アクセス．

(36)『プリニウスの博物誌 2（第 7 巻～第 11 巻）』中野定雄，中野里美，中野美代訳，雄山閣，1986 年。第 11 巻／ 96 節より。

(37) Bedouin Camp website at www.dakhlabedouins.com/bedouin_healing.html 2008 年 12 月 17 日アクセス．

(38) the 'Sámi Information Centre' website: www.eng.samer.se/GetDoc?meta_id=1203 2008 年 12 月 17 日アクセス．

(39) Carol A. Déry, 'Milk and Dairy Products in the Roman Period', *Milk: Beyond the Dairy*, p. 11.

(40) ヘロドトス『歴史（中）』松平千秋訳，岩波書店，2008 年。巻 4 ／ 2 節より。

(41) ユリウス・カエサル『ガリア戦記』近山金次訳，岩波書店，1991 年。第 5 巻／ 14 節より。

(42) Déry, 'Milk and Dairy Products in the Roman Period', p. 11.

(43)『プリニウスの博物誌 4（第 19 巻～第 25 巻）』中野定雄，中野里美，中野美代訳，雄山閣，1986 年。第 20 巻／ 44 節より。

(44) H. G. Bohn, trans., *The Epigrams of Martial* (London, 1865), 13.38.

(45)『プリニウスの博物誌 5（第 26 巻～第 33 巻）』中野定雄，中野里美，中野美代訳，雄山閣，1986 年。第 28 巻／ 33 節より。

(46) 原典アキピウス『古代ローマの調理ノート』千石玲子訳，小学館，1997 年。

(47) 前掲書

(48) 前掲書

(49) C. Anne Wilson, *Food and Drink in Britain: From the Stone Age to the 19th Century* (Chicago, il, 1991), p. 149.

(50) William Harrison, *A Description of Elizabethan England* (1577), Chapter xii:7.

(51) John Burnett, *Liquid Pleasures: A Social History of Drinks in Modern Britain* (London, 1999), p. 29.

(52) キース・トマス『人間と自然界――近代イギリスにおける自然観の変遷』山内昶監訳，法政大学出版局，1989 年。

(53) Patricia Monaghan, *The Red-Haired Girl from the Bog: The Landscape of Celtic Myth and Spirit* (California, 2004), p. 176.

(54) 前掲書 p. 176.

(55) Patricia Aguirre, 'The Culture of Milk in Argentina', *Anthropology of Food*, 2 September 2003, http://aof.revues.org/document322.html 2009 年 4 月 3 日アクセス .

(56) G. A. Bowling, 'The Introduction of Cattle into Colonial North America', p. 140, 次のウェブサイトを参照のこと。http://jds.fass.org/cgi/reprint/25/2/129.pdf, p. 140 2008 年 12 月 18 日アクセス .

(57) 前掲書 p. 140.

第2章　白い妙薬

(1) M. J. Rosenau, *The Milk Question* (Cambridge, 1912), p. 6.

(2) Cassandra Eason, *Fabulous Creatures, Mythical Monsters and Animal Power Symbols* (London, 2008), pp. 89-91.

(3) 『プリニウスの博物誌 3（第 12 巻～第 18 巻）』中野定雄，中野里美，中野美代訳，雄山閣，1987 年。第 14 巻／ 88 節より。

(4) DeTraci Regula, *The Mysteries of Isis: Her Worship and Magick* (Saint Paul, mn, 1995), pp. 162-3.

(5) Hilda M. Ransome, *The Sacred Bee in Ancient Times and Folklore* (New York, 2004), p. 276.

(6) Chitrita Banerji, 'How the Bengalis Discovered *Chhana*' in *Milk: Beyond the Dairy - Proceedings of the Oxford Symposium on Food and Cookery* (Devon, 2000), pp. 49-50.

(7) 前掲書 p. 50.

(8) Hilda Ellis Davidson, *Roles of the Northern Goddess* (London, 1998), pp. 36-7.

(9) Layinka M. Swinburne, 'Milky Medicine and Magic', in *Milk: Beyond the Dairy*, p. 338.

(10) トマス・カイトリー『妖精の誕生――フェアリー神話学』市場泰男訳，文元社／紀伊國屋書店，2004 年。
(11) An Oxonian, *Thaumaturgia, or Elucidations of the Marvellous* (Oxford, 1835), p. 24.
(12) E. C. Amoroso and P. A. Jewell, 'The Exploitation of the Milk-Ejection Reflex by Primitive Peoples', in *Man and Cattle: Proceedings of a Symposium on Domestication* (Royal Anthropological Institute, 1963), p. 135.
(13)『プリニウスの博物誌 5（第 26 巻～第 33 巻）』中野定雄，中野里美，中野美代訳，雄山閣，1987 年。第 28 巻／ 33 節より。
(14) 前掲書.
(15) Layinka M. Swinburne, 'Milky Medicine and Magic', p. 341.
(16) 前掲書 p. 337.
(17) Pope（ポープ）については次を参照のこと。Sir Egerton Bydges *Collins's Peerage of England*, vol. iv (London, 1812), p. 156.
(18) W. J. Gordon, *The Horse World of London* (London, 1893), pp. 174-5.
(19) Margaret Forster, *Elizabeth Barrett Browning* (London, 1988), p. 365.
(20) From the *Bulletin de l' Académie de Médecine*, 1882, cited at www.asinus.fr/histoire/info.html 2008 年 7 月 17 日アクセス .
(21) Anon., 'The Physician A-Foot', *The Times*, 13 September 1850, p. 7.
(22) Anon., 'Massolettes and Sour Milk', *The Times*, 10 March 1910, p. 9.
(23) Bernarr MacFadden, *The Miracle of Milk: How to Use the Milk Diet Scientifically at Home* (1935) - copy of text at www.milk-diet.com/classics/macfadden/macfaddenmain.html 2008 年 12 月 14 日アクセス .
(24)『プリニウスの博物誌 2（第 7 巻～第 11 巻）』ならびに『プリニウスの博物誌 5（第 26 巻～第 33 巻）』中野定雄，中野里美，中野美代訳，雄山閣，1987 年。第 11 巻／ 96 節，第 28 巻／ 50 節より。
(25) Steven S. Braddon, 'Consumer Testing Methods', in *Skin Moisturization*, ed. James J. Leyden and Antony V. Rawlings (New York, 2002), p. 435.
(26) 前掲書 p. 436.
(27) George P. Marsh, *The Camel: Organization, Habits and Uses* (New York, 1856), p. 75.

第3章　白い毒薬

(1) Colin Spencer, *British Food: An Extraordinary Thousand Years of History* (London, 2002), p. 162.
(2)『サミュエル・ピープスの日記　第 9 巻（1668 年）』臼田昭，岡照雄，海保

眞夫訳，国文社，2003 年。1668 年 5 月 20 日の日記より。

(3) John Burnett, *Liquid Pleasures: A Social History of Drinks in Modern Britain* (London, 1999), p. 30.

(4) William Cobbett, *Cottage Economy* (London, 1828), 'Keeping Cows: 113'.

(5) Burnett, *Liquid Pleasures*, p. 32.

(6) Peter Quennell, ed., *Mayhew's London* (London, 1984), p. 131.

(7) P. J. Atkins, 'White Poison? The Social Consequences of Milk Consumption, 1850-1930', *Social History of Medicine*, v (1992), p. 226.

(8) M. J. Rosenau, *The Milk Question* (Cambridge, 1912), p. 6.

(9) Thomas Beames, *The Rookeries of London* (London, 1852), pp. 214-15.

(10) P. J. Atkins, 'London's Intra-Urban Milk Supply circa 1790-1914', *Change in the Town* (Transactions of the Institute of British Geographers, New Series), ii/3 (1977), p. 395.

(11) Robert Milham Hartley, *An Historical, Scientific, and Practical Essay on Milk as an Article of Human Sustenance: Consideration of the Effects Consequent Upon the Unnatural Methods of Producing It for the Supply of Large Cities* (New York, 1977), p. 134.

(12) Andrew F. Smith, 'The Origins of the New York Dairy Industry', in *Milk: Beyond the Dairy - Proceedings of the Oxford Symposium on Food and Cookery* (Devon, 2000), p. 325.

(13) Abraham Jacobi (president of the American Medical Association), cited at www.realmilk.com/untoldstory_1.html 2008 年 11 月 24 日アクセス .

(14) William Cobbett, *Cottage Economy*, 'Keeping Cows: 127'.

(15) 実際には，すでにハートリーは 1836 ～ 37 年にかけて論文を順次発表していた。

(16) Robert Milham Hartley, *Essay on Milk*, p. 109.

(17) 前掲書 p. 110.

(18) 前掲書 p. 125.

(19) P. J. Atkins, 'Sophistication Detected: Or the Adulteration of the Milk Supply 1850-1914', *Social History*, xvi (1991), p. 320.

(20) Atkins, 'London's Intra-urban Milk Supply', p. 388.

(21) Burnett, *Liquid Pleasures*, p. 39.

(22) Atkins, 'Sophistication Detected', p. 320.

(23) トバイアス・スモレットに関しては原注 31 を参照のこと。

(24) John Timbs, *Curiosities of London: Exhibiting the Most Rare and Remarkable Objects of*

Interest in the Metropolis (London, 1855), p. 49.

(25) Jim Phillips and Michael French, 'State Regulation and the Hazards of Milk, 1900-1939', *Social History of Medicine*, xii/3, p. 373.

(26) Atkins, 'White Poison?', pp. 211-12.

(27) Atkins, 'London's Intra-Urban Milk Supply', p. 395. 139

(28) Atkins, 'White Poison?', p. 212.

(29) Atkins, 'Sophistication Detected', p. 338.

(30) アプトン・シンクレア『ジャングル』大井浩二訳，松柏社，2009 年。

(31) トバイアス・スモレット『ハンフリー・クリンカー』長谷安生訳，茨木：長谷安生，1972-1973 年。

(32) Derek Hudson, *Munby: Man of Two Worlds* (London, 1972), p. 250.

(33) Atkins, 'London's Intra-Urban Milk Supply', p. 395.

(34) Anon., 'Bad Milk', *New York Times*, 30 April 1874.

(35) '"Best for Babies" or "Preventable Infanticide"? The Controversy over Artificial Feeding of Infants in America, 1880-1920', *The Journal of American History*, lxx/1 (June 1983), p. 84.

(36) 'Why Not Mother?' in E. Melanie DuPuis, *Nature's Perfect Food: How Milk Became America's Drink* (New York, 2002) pp. 46-66.

(37) '"Best for Babies" or "Preventable Infanticide"?', p. 77.

(38) Mary F. Henderson, *Practical Cooking and Dinner Giving* (New York, 1887), p. 333.

(39) 'Milk and its Preservation', *Scientific American*, n.s., 2 July 1860, iii, pp. 2-3.

(40) ボーデン社の歴史は次のウェブサイトを参照のこと。www.fundinguniverse.com/company-histories/Borden-Inc-Company-History.html 2008 年 11 月 17 日アクセス .

(41) スイスでは 1866 年にアングロ・スイス・カンパニーが設立された。同社は最終的に，その後に台頭してきたネスレ社に合併された。

(42) '"Best for Babies" or "Preventable Infanticide"?', p. 78.

(43) Burnett, *Liquid Pleasures*, p. 37.

(44) 'Condensed Milk for School Use', at www.milk.com/wall-o-shame/nutrition/Condensed_Milk.html 2008 年 12 月 22 日アクセス .

(45) Alan Jenkins, *Drinka Pinta: The Story of Milk and the Industry that Serves it* (London, 1970), p. 58.

(46) Penny Van Esterik, 'The Politics of Breastfeeding: An Advocacy Perspective', in *Food and Culture: A Reader*, ed. Carole Counihan and Penny Van Esterik (London, 1997),

p. 371. このスピーチは，母乳支持者たちが 1997 年，ネスレ社が第三世界［東西冷戦期にどちらの陣営にも属さなかった国々で，おもに発展途上国をさす］に乳児用調製粉乳の販売攻勢をかけたことに抗議して製品のボイコット運動をはじめた際，初の調製粉乳反対宣言として幾度も引用された。

第4章 「ミルク問題」を解決する

(1) Frank Trentmann, 'Bread, Milk and Democracy: Consumption and Citizenship in Twentieth-Century Britain', in *The Politics of Consumption: Material Culture and Citizenship in Europe and America*, ed. Martin J. Daunton and Matthew Hilton (Oxford, 2001), pp. 139-40.

(2) M. J. Rosenau, *The Milk Question* (Cambridge, 1912), p. 3.

(3) 前掲書 p. 297.

(4) P. J. Atkins, 'White Poison? The Social Consequences of Milk Consumption, 1850-1930', *Social History of Medicine*, v (1992), p. 217.

(5) 英国人医師デイヴィッド・ブルースが 1886 年に同定したブルセラ・メリテンシスは，マルタ島に駐在する兵士のあいだで大流行していたマルタ熱の原因菌だった。この菌は兵士たちが大量に消費するヤギの乳にふくまれていた。

(6) Rosenau, *The Milk Question*, pp. 6-7.

(7) 前掲書 p. 97.

(8) '"Best for Babies" or "Preventable Infanticide"? The Controversy over Artificial Feeding of Infants in America, 1880-1920', *The Journal of American History*, lxx/1 (June 1983), p. 86.

(9) 名称についてはかなりの混乱があり，1894 年 5 月 16 日のニューヨークタイムズ紙が低温殺菌牛乳を「滅菌牛乳」と呼んだりした。

(10) the 'Real Milk' website at www.realmilk.com/untoldstory_1.html 2008 年 11 月 8 日アクセス.

(11) くわしくは次の書籍を参照のこと。Francis McKee, 'The Popularisation of Milk as a Beverage During the 1930s', in *Nutrition in Britain: Science, Scientists and Politics in the Twentieth Century*, ed. David F. Smith (Oxford, 1997), p. 125.

(12) 'Milk Must Be Pure Under New Order', *New York Times*, 19 December 1911. 記事は次のウェブサイトを参照のこと。http://query.nytimes.com/mem/archive-free/pdf?res=9900e6d81e31e233a2575ac1a9649d946096d6cf.

(13) くわしくは次の書籍を参照のこと。Trentmann, 'Bread, Milk and Democracy',

p. 141.

(14) Atkins, 'White Poison?', p. 226.

(15) Trentmann, 'Bread, Milk and Democracy', p. 142.

(16) Jim Phillips and Michael French, 'State Regulation and the Hazards of Milk, 1900-1939', *Social History of Medicine*, xii/3, p. 376.

(17) 前掲書 pp. 371-372.

(18) 全英牛乳広報評議会（初期の牛乳計画の実施組織）は極力「低温殺菌ずみ」か「A（TT）級」の牛乳を児童に支給したようだが，実際にどの等級を用いたのかを示す具体的な資料はない。

(19) Atkins, 'White Poison?', p. 226 (fn 91).

(20) Peter Atkins, 'The Milk in Schools Scheme, 1934-45: 'Nationalization' and Resistance', *History of Education*, xxxiv/1 (January 2005), p. 2.

(21) McKee, 'The Popularisation of Milk as a Beverage During the 1930s', p. 126.

(22) Atkins, 'The Milk in Schools Scheme', p. 2.

(23) 牛乳販売委員会は，1931 年と 1933 年に施行された農産物販売法に基づき，牛乳の販売を制御するために立ち上げられた。産出牛乳はすべて委員会が買いあげ，それから飲用や加工用に売るという仕組みだった。収入はプールされたのち，比例して分配された。1994 年に制度廃止。

(24) Atkins, 'The Milk in Schools Scheme', p. 5.

(25) John Burnett, *Liquid Pleasures: A Social History of Drinks in Modern Britain* (London, 1999), p. 46. 学校牛乳計画はその後も続いたが，中学校への支給は 1968 年に労働党政権下で廃止された（高学年生徒の飲み率が悪いことが理由）。1971 年には，保守党政権下で（医師の診断書がないかぎり）7 歳以上の小学校児童への支給廃止。決定をくだしたのは，当時教育科学相を務めていたマーガレット・サッチャーだった。この廃止は猛烈な不評を買い，「サッチャー，サッチャー，ミルク・スナッチャー（ミルク泥棒）」と揶揄された。

(26) McKee, 'The Popularisation of Milk as a Beverage During the 1930s', p. 138.

(27) Isabella Beeton, *Mrs Beeton's Book of Household Management* (London, 1861), chap. 33, para. 1627. 「ビートン夫人の家政術」については，『家内心得草——一名・保家法』穂積清軒訳，青山堂，明治 9 年／『西洋料理の栞——家庭実用』山田政蔵訳，大阪：山田政蔵，明治 40 年／『新訳ビートン夫人の料理書』福井あや子監訳，バベルプレス（e-book：電子書籍）などがある。

(28) Colin Spencer, *British Food: An Extraordinary Thousand Years of History* (London, 2002), p. 297

(29) Alan Jenkins, *Drinka Pinta: The Story of Milk and the Industry that Serves it* (London, 1970), p. 103.
(30) 'Milk Bars', *The Times*, 4 September 1936, p. 13.
(31) McKee, 'The Popularisation of Milk as a Beverage During the 1930s', p. 136.
(32) 数値は次の書籍から得た。推定食糧供給量に基づいている。the *Agricultural Statistics* and *The Statistical Abstract of the United Kingdom*, D. J. Oddy, 'Food, Drink and Nutrition', in *The Cambridge Social History of Britain, 1750-1950*, ed. F.M.L. Thompson (Cambridge, 1990), p. 268.
(33) 数値はイギリス政府のウェブサイトから得た。*National Food Survey, 1942-1996* at https://statistics.defra.gov.uk/esg/publications/nfs/datasets/allfood.xls 2008 年 12 月 1 日アクセス .
(34) 前掲ウェブサイト。
(35) Daniel Ralston Block, 'Hawking Milk: The Public Health Profession, Pure Milk, and the Rise of Advertising in Early Twentieth-century America', in *Milk: Beyond the Dairy - Proceedings of the Oxford Symposium on Food and Cookery* (Devon, 2000), p. 86.
(36) 前掲書 pp. 90-91.

第5章　現代のミルク

(1) Andrea S. Wiley, 'Transforming Milk in a Global Economy', *American Anthropologist*, cix/4, p. 666.
(2) データは環境食糧農林省（DEFRA）の統計値から得た。次のウェブサイトを参照のこと。www.statistics.gov. uk/cci/SearchRes.asp?term=food+consumption 2008 年 12 月 1 日アクセス .
(3) L. D. McBean, G. D. Miller and R. P. Heaney, 'Effect of Cow's Milk on Human Health', in *Beverages in Nutrition and Health*, ed. T. Wilson and N. J. Temple (Totowa, nj, 2004), p. 217.
(4) 前掲書 p. 214.
(5) 'Making Good Beverage Choices: Reach for a Glass of Milk After your Next Workout', at www.whymilk.com/health_choices_workout.php 2008 年 12 月 2 日アクセス .
(6) Valerie Elliot, 'Milk Producers Urged to Skim Off More Fat as eu Relaxes Rules', *The Times*, 1 January 2008.
(7) McBean, Miller and Heaney, 'Effect of Cow's Milk on Human Health', p. 208.

(8) データは次の書籍から得た。Verner Wheelock, ed., *Implementing Dietary Guidelines for Healthy Eating* (London, 1997), p. 229.
(9) Elliot, 'Milk Producers Urged to Skim Off More Fat'.
(10) the 'Milk Your Diet' website at www.whymilk.com 2008 年 12 月 2 日アクセス .
(11) Wiley, 'Transforming Milk in a Global Economy', p. 675.
(12) PETA's 'Milk Sucks' campaign: www.milksucks.com/index2.asp 2008 年 11 月 24 日アクセス .
(13) Dr T. Berry Brazelton の発言は次のニューヨークタイムズ紙の記事に掲載されている。cited in Jane E. Brody, 'Final Advice from Dr Spock: Eat Only All your Vegetables', *New York Times*, 20 June 1998.
(14) Ron Schmid, 'Nutrition and Weston A. Price' (2003) at www.drrons.com/weston-price-traditional-nutrition.htm 2008 年 12 月 3 日アクセス .
(15) Sarah Freeman and Silvija Davidson, 'The Origins of Taste in Milk, Cream, Butter and Cheese', in *Milk: Beyond the Dairy - Proceedings of the Oxford Symposium on Food and Cookery* (Devon, 2000), p. 163.
(16) 前掲書 p. 163.
(17) Cherry Ripe, 'Animal Husbandry and Other Issues in the Dairy Industry at the End of the Twentieth Century', in *Milk: Beyond the Dairy*, p. 297.
(18) Terry Etherton, *Transcript: Consumer Awareness of Biotechnology - Separating Fact from Fiction* on the PennState website at http://blogs.das.psu.edu/tetherton/2006/11/06/consumer -awareness-of-biotechnology-separating-fact-from-fiction/ 2008 年 12 月 5 日アクセス .
(19) www.fda.gov/cvm/cloning.htm 2008 年 5 月 3 日アクセス .
(20) David E. Gumpert, 'Got Raw Milk?', *Boston Globe Sunday Magazine*, 23 March 2008.
(21) the U.S. Food and Drug Administration. Questions and Answers: Raw Milk webpage at www.cfsan.fda.gov/~dms/rawmilqa.html 2008 年 12 月 3 日アクセス .
(22) Gumpert, 'Got Raw Milk?'.
(23) Wiley, 'Transforming Milk in a Global Economy', p. 668.
(24) 前掲書 p. 668.
(25) http://news.bbc.co.uk/1/hi/magazine/6934709.stm 2008 年 7 月 17 日アクセス .
(26) Michael Griffin, 'Issues in the Development of School Milk', この論文は「the School Milk Workshop, FAO Intergovernmental Group on Meat and Dairy Products (June 2004)」に掲載されている。次のウェブサイトを参照のこと。

www.fao.org/es/esc/common/ecg/169/en/School_Milk_fao_background.pdf 2008 年 12 月 2 日アクセス．

(27) Ripe, 'Animal Husbandry and Other Issues', p. 298.

(28) 'Global Growth Potential Lies in Milk and Water Drinks - Report', 15 September 2008 on Dairyreporter.com: www.dairyreporter.com/Industry-markets/Global-growthpotential-lies-in-milk-and-water-drinks-report 2008 年 10 月 15 日アクセス．

(29) 数値は Rabobank Group（2007 年度）のものを引用した。次のシアトルタイムズ紙の記事を参照のこと。Gavin Evans and Danielle Rossingh, 'Got Milk Money? Prices Up as World Wants More Dairy', *Seattle Times*, 25 May 2007.

(30) Caroline Stocks and Jeremy Hunt, 'Tough Going as Milk Production Sinks to a New Low', *Farmers Weekly*, 17 October 2008, p. 24.

(31) Hannah Velten, *Cow* (London, 2007), pp. 158-60.

(32) 数値は右記より得た。Neil Merrett, 'Innovation Required to Milk Sheep and Camel Dairy Potential', 次のサイトを参照のこと。the Food&Drink Europe. com website: www.foodanddrinkeurope.com/Consumer-Trends/Innovation-required-to-milk-sheep-andcamel-dairy-potential 2008 年 12 月 6 日アクセス．

(33) 前掲ウェブサイト。

(34) David Derbyshire, 'Meat must be Rationed to Four Portions a Week to Beat Climate Change, Says Government-funded Report', *Daily Mail*, 1 October 2008.

(35) Figures cited from www.chinadaily.com.cn/bizchina/2009-07/13/Content_8422645.htm 2009 年 11 月 12 日アクセス．

レシピ集

(1) www.seriouseats.com/recipes/2007/12/cocktails-milk-punch-recipe.html 2008 年 7 月 22 日アクセス．

(2) The Real Milk Paint Company at www.realmilkpaint.com/recipe.html 2008 年 12 月 21 日アクセス．

ハンナ・ヴェルテン（Hannah Velten）
動物と社会のかかわりに焦点をあてて執筆活動を続けているフリーライター。幼少期を農場で過ごし，ハンプシャー州の大学農学部を卒業後，イギリスとオーストラリアの農場で勤務した経験を持つ。Reaktion Books より本書のほかに *Cow* (Animal Series), *Beastly London* を刊行。ロンドンの歴史と動物の関係を掘り下げた後者は，Londonist の London Book of the Year 2013 等に選ばれた。雑誌 *Farmers Weekly* に家畜に関する記事も寄稿している。家族とともにイングランド南東部サセックス州在住。

堤理華（つつみ・りか）
神奈川県生まれ。金沢医科大学卒業。麻酔科医，翻訳家，現同大学看護学部非常勤講師。訳書に『ケーキの歴史物語』『チョコレートの歴史物語』『パンの歴史』『1 冊で知る ムスリム』『真昼の悪魔——うつの解剖学』（以上原書房）『少年は残酷な弓を射る』（イーストプレス／共訳）『ヴァージン——処女の文化史』（作品社／共訳）『驚異の人体』（ほるぷ出版）など。「ダンスマガジン」（新書館）等で舞踊評翻訳なども手がけている。

「食《しょく》」の図書館《としょかん》

ミルクの歴史《れきし》

●

2014年5月21日　第1刷

著者……………ハンナ・ヴェルテン
訳者……………堤《つつみ》 理華《りか》
装幀……………佐々木正見
発行者……………成瀬雅人
発行所……………株式会社原書房

〒160-0022 東京都新宿区新宿 1-25-13
電話・代表 03(3354)0685
振替・00150-6-151594
http://www.harashobo.co.jp

本文組版……………有限会社一企画
印刷……………シナノ印刷株式会社
製本……………東京美術紙工協業組合

ISBN 978-4-562-05061-1, Printed in Japan

《「食」の図書館》

キノコの歴史

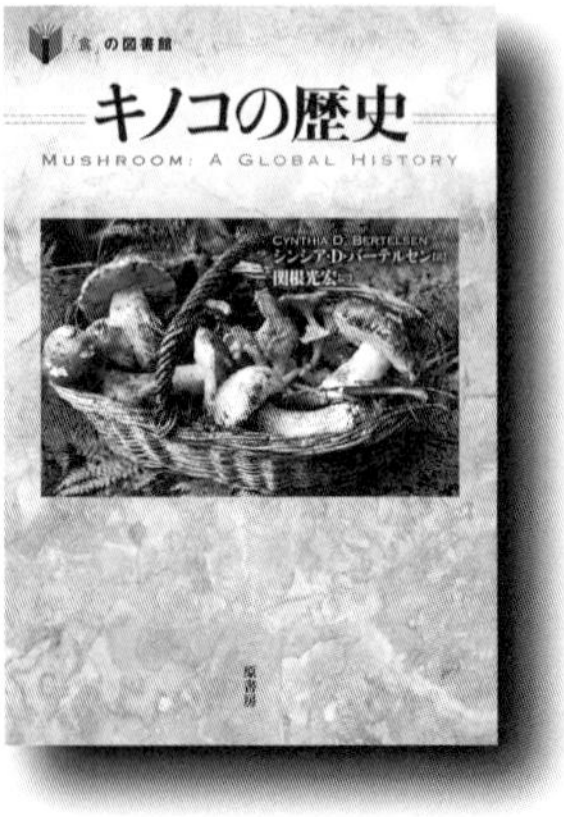

シンシア・D・バーテルセン
関根光宏訳

「神の食べもの」と呼ばれる一方「悪魔の食べもの」とも言われてきたキノコ。キノコ自体の平易な解説はもちろん、採集・食べ方・保存、毒殺と中毒、宗教と幻覚、現代のキノコ産業についてまで述べた、キノコと人間の文化の歴史。

２０００円

（価格は税別）

《「食」の図書館》

スパイスの歴史

フレッド・ツァラ
竹田円訳

シナモン、コショウ、トウガラシなど5つの最重要スパイスに注目し、古代〜大航海時代〜現代まで、食を始め、経済、戦争、科学など世界を動かす原動力としてのスパイスのドラマチックな歴史を平易に描く。カラー図版多数。

２０００円

（価格は税別）

紅茶スパイ　英国人プラントハンター中国をゆく

サラ・ローズ／築地誠子訳

十九世紀、中国がひた隠しにしてきた茶の製法とタネを入手するため、凄腕プラントハンターが中国奥地に潜入した。激動の時代を背景にミステリアスな紅茶の歴史を描く、面白さ抜群の歴史ノンフィクション。　２４００円

ワインを楽しむ58のアロマガイド

M・モワッセフ、P・カザマヨール／剣持春夫監修、松永りえ訳

ワインの特徴である香りを丁寧に解説。通常はブドウの品種、産地へと辿っていくが、本書ではグラスに注いだ香りからルーツ探しがスタートする。香りの基礎知識、嗅覚、ワイン醸造なども網羅した必読書。　２２００円

ルネサンス 料理の饗宴　ダ・ヴィンチの厨房から

デイヴ・デ・ウィット／富岡由美、須川綾子訳

ダ・ヴィンチの手稿を中心に、ルネサンス期イタリアの食材・レシピ・料理人から調理器具まで、料理の歴史と発展をエピソードとともに綴る。当時のメニューをありのままに再現した美食のレシピ付。　２４００円

フランス料理の歴史

マグロンヌ・トゥーサン＝サマ／太田佐絵子訳

遥か中世の都市市民が生んだフランス料理が、どのようにして今の姿になったのか。食と市民生活の歴史をたどり、文化としてのフランス料理が誕生するまでの全過程を描く。中世以来の貴重なレシピも付録。　３２００円

美食の歴史２０００年

パトリス・ジェリネ／北村陽子訳

食は我々の習慣、生活様式を大きく変化させ、時には戦争の原因にすらなった。様々な食材の古代から現代までの変遷と、食に命を捧げ、芸術へと磨き上げた人々の人生がおりなす歴史をあざやかに描く。　２８００円

（価格は税別）